鉱害賠償責任の実体的研究

徳本 鎮

鉱害賠償責任の実体的研究

学術選書
103
環境法

信山社

序文

本研究は、昭和三六年に九州大学に申請し授与された学位論文である。また、本研究（その他の鉱・公害損害賠償の論文を含む）に対しては、その後思いもかけず第五五回西日本文化賞（西日本新聞社、平成八年度）が与えられた。

本研究は、私の若い時分に執筆されたものであり、資料も古く未熟であるにもかかわらず、この度、信山社のご厚意を受け、その出版を思い立つに至ったのは、次の理由による。

一　わが国の鉱害賠償は、明治以降、民法の不法行為制度（七〇九条以下）、昭和一四年制定の旧鉱業法上の鉱害賠償制度（七四条ノ二以下）、基本においてはそれをそのまま承継する昭和二五年制定の現行鉱業法上の鉱害賠償制度（一〇九条以下）、および、その重要な付属特別法である臨時石炭鉱害復旧法（昭和二七年、法律第二九五号）、石炭鉱害賠償等臨時措置法（昭和三八年、法律第九七号）等によって処理されてきた。そのうち、臨時石炭鉱害復旧法によれば、昭和二七年から平成一八年までの総復旧費は、全国で、農地等（一六、八八二ヘクタール、六、三九〇億円）、公共施設（一、三三九億円）、家屋等（七六、四三三戸、六、九六五億円）、その他（七七五億円）で、一兆五、四六九億円に達している（独立行政法人新エネルギー・産業技術総合開発機構編・鉱害復旧統計要覧平成十九年度参照）。そして、この復旧により、特に深所石炭掘採による鉱害賠償はその大部分が処理されてきているので、石炭鉱害賠償について今後残されている課題は、もっぱら浅所石炭掘採による鉱害賠償ということになる。そのかぎりでは、わが国の鉱害賠償は、現在、一区切りを迎えたともいいうる（石炭鉱業の構造調整の完了等に伴う関係法律の整備等に関する法律参照）が、他方では、残された課題が浅所石炭掘採にかかわる鉱害だけに、隣接地表土地（宅地・工業用地・農地・道路・河川・ダム等）の各種開発・改修工事との競合といった困難な課題を惹起するところでもある。

二　本研究については、これまで部分的には法政研究等に個別論文の形で発表されてきたが、一冊の著書としては今回が初めてである。このように整理した方が、私の鉱害賠償に対する考え方を多少でもより明確にすることができ、したがってまた、読者のご理解を、いっそう得やすいとも思われたからである。

以上が、今回、本研究を出版しようと思い立った主な理由である。

本研究の出版に当っては、その補筆・訂正は、原則として差し控えられた。本研究が学位論文であるということもさることながら、本研究が、無過失責任としての鉱害賠償責任にかかわるわが国で初めての具体的研究であり、出来るだけそのままでとの思いによるものである。したがって、その補筆・訂正は後日に託すこととして、本研究以後の鉱害賠償に対する私の知見については、さしあたり、県立福岡女子大学編・徳本鎮学長――その略歴と業績――に所収される関係論文に譲ることをお許しいただきたく、ただ、ここでは、そのうちの二論文につき、それが本研究のいわば総注を兼ねるともみられるところから、本研究の終りに「補論」として収録することとした。
今回、本研究が世に出るに当っては、信山社の袖山貴氏、稲葉文子さんに、大変、ご尽力いただいた。ここに記して感謝申し上げる次第である。
拙い本研究が、わが国の無過失賠償責任理論・制度の今後の発展において、その一里塚となれば望外の喜びである。

本書を亡き妻に捧げる。

平成二五年一一月三日

徳 本 鎮

目　次

補　論

初出一覧

第七章　鉱害賠償責任の成立要件的特徴
星野英一・森島昭夫編『現代社会と民法学の動向 上 不法行為法（加藤一郎先生古稀記念）』（有斐閣、一九九二年）

第八章　鉱業権の譲渡と鉱害賠償責任の帰属——近時の判決を手掛として
法政研究五六巻三・四号（一九九〇年）

鉱害賠償責任の実体的研究

はしがき

「はしがき」にかえて本研究の意図、研究方法、および内容の概略などを示すことにしたい。

一　資本制社会の発展にともなう各種近代的大企業の現出は、かかる企業から、よく注意してなお発生しがちな、その意味での、いわば不可避的に結果する企業損害の賠償をめぐって、伝統的な過失責任主義を反省せしめるとともに、いわゆる無過失損害賠償責任の理論、ないし制度を必然化ならしめている。[1]鉱害賠償責任は、わが国における企業外に対しての、最初の、そして今日においても、もっとも典型的な無過失損害賠償責任だとされている。また、その意味において、この責任制度の存在は、民法の不法行為の解釈において高く評価されてきたわけである。[2]しかし、にもかかわらず、かかるものとしての鉱害賠償責任の具体的、ないしは実体的な法理論が、いかなるものであるかといえば、残念ながら、従来、その点は殆んど解明されていないといわざるを得ない。すなわち、鉱害賠償責任を取り上げている従来の各学説に殆んど共通して指摘しうることは、その立論の根拠は、それぞれ異なるが、いずれも鉱害賠償責任が、いわば企業損害としての鉱害損害の公平な賠償を目的とする企業者の無過失責任だということである。そして、この点を指摘するのみならず強調すらしているわけである。[3]では、鉱害賠償責任については、ただ、それが企業者の無過失責任であることを明らかにしておけば、鉱害賠償責任の総てが説明され、また、それが意図している公平な賠償は、充分、実現されることになるのであろうか。多くの疑問をいだかざるを得ない。たしかに無過失責任ということは、鉱害賠償責任の主要な特徴であり、それを指摘することは、充分、意味のあることと思われる。しかし、同時に、それが鉱害賠償責任の総てをつくすものでないことも承認されねばなるまい。たとえば、具体的な鉱害賠償責任の成立ということを考えてみれば、そのことは容易に理解されるであろう。そこでは、従来の学説が指摘し、強調している無過失責任ということは、ただ、鉱害賠償責任の主観的な側面における成立要件の消極性を示す意味しか有しないのである。しかし、この観点からの鉱害賠償責任をめぐる主要な法律関係は、主観的側面よりも、むしろ客観的側面にこそあるといわねばならない。なぜかといえば、従来の学説が指摘するように鉱害賠償責任が無過失責任であるとされればされるほど、具体的な鉱害賠償責任は、もっぱら鉱害賠償責任の客観的側面を充足することによってのみ成立させられるものだからである。したがってまた、鉱害賠償責任を規定する鉱業法第一〇九条が、もっぱら違法性、ないし因果関係という客観的側面についてのみ積極的規定を設けているのは、このためである。しかも、そこに規定される積極的規定を通じて認識しうる違法性、ないし因果関係は、いずれも過失責任を原則とする不法行為のそれとは、かなり特異性をもったものですらある。同様なことは、以上のような鉱害賠償責任の成立をめぐる法律関係についてばかりでなく、さらに成立する鉱害賠償責任の内容、あるいは、その内容の実現方法などをめぐる法律関係についてもいえそうである。なぜかといえば、企業損害としての鉱業損害の特殊性を考えるとき、その特殊性は、鉱害賠償責任の、これらの面においても特異な法律関係を形成せしめずにはおかないように思われるし、また、その場合の特異な法律関係は、具体的鉱害賠償責任という面からは、ただ、鉱害賠償責任の主観的成立要件の消極性を示すだけの意味しか有しない無過失責任ということでは、とうてい説明されないようにも考えられるからである。このように見てくると、ただ、無過失責任ということを指摘するだけでは、鉱害賠償責任の総ては説明されないし、したがってまた、それのみでは公平な賠償も実現されがたいこととなる。従来の学説が、法適用という面において、これまで、あまりにも有用性を欠いていたのは当然といわねばならないであろう。しかも、以上のような従来の学説の不備は、たんに鉱害賠償理論、ないしは不法行為理論の理論的不備ということにとどまらないで、直接には、今日、鉱害賠償紛争の裁判上、ないし行政上の解決（ここで行政上の解決といっているのは、鉱業法上採用されている鉱害賠償の和解仲介制度や、鉱業協議会による裁定制度などの、いわば行政的紛争処理制度上の解決をさしているわけである）を、結果において、かなり不公平なものたらしめている一つの原因ともなっているように見受けられることは注目されねばならないことであろう。

本研究の意図は、以上述べるような鉱害賠償責任をめぐる従来の学説の在り方、あるいは現実の鉱害賠償紛争解決の実状にかんがみ鉱業法第一〇九条に規定される鉱害賠償責任の具体的、ないしは実体的な法理論を明らかにすることにより、従来の学説の不備を、いくらかでも補ない、また、さらには、現実の鉱害賠償紛争の解決を、すこしでも公平な賠償に近づけることができたらと思うことなどである。

二　右に述べる意図から鉱害賠償責任の具体的、ないしは実体的な法理論を究明するにあたり、本研究が採用した考察方法の特徴は、ほぼ次の二点にあるといえよう。その一つは、本研究では、課題の究明にあたって、ただ総括的、一般的に鉱害賠償責任を考察するのではなく、もっぱら具体的な鉱害賠償責任という観点に立って、その場合に問題となる主要な法律関係を、それぞれ指摘し、また、指摘された法律関係を、できるだけ個別的・具体的に検討し、そして、このような個々の個別的・具体的検討のなかに、あるいは、それをとおして鉱害賠償責任の実体的な法理論を、理解しようとしていることである。その理由は鉱害賠償責任の実体的な法理論は、具体的な鉱害賠償責任をめぐる法律関係のなかに、もっともよく認識されていると思われることのほかに、鉱害賠償責任を含めて、従来の、わが国の企業損害賠償責任の理論が、総括的な責任一般論としてはともかく、あまりにも具体性に乏しく、その結果、法適用という面でも、必ずしも有用ではあり得なかったということに対する反省に基づくものである。(4)いま一つの特徴は、本研究では、課題の究明にあたり、できるだけ鉱害賠償責任の「生ける法」ともいえる事実としての各種の補償慣行に着目したことである。その理由は、本研究が、いわば法律研究の一つの在り方を示しているということのほかに、さらには、比較的判例のすくない、この分野の資料的不備を、それによって補ないたいと考えたからである。(5)

三　以上の意図、および考察方法に基づいて本研究が検討を試みた内容の概略を示せば、ほぼ次のようなものとなるであろう。

本研究第一章の「鉱業損害の実態と、その特徴」は、鉱害賠償制度の直接の契機となる鉱業損害の実態、ないし特殊性が、どのようなものであるかを考察しようとしたものである。第二章の「鉱害賠償制度の沿革」は、第一章で明らかにされるような諸特徴を有する鉱業損害に直面して、過失責任を原則とする不法行為制度は、どのような運命におかれたかの考察である。したがってまた、それは鉱害賠償責任制度を成立せしめる法律的要因が何であったかの考察にほかならない。第三章の「鉱害賠償責任の構造的特徴」、第四章の「鉱害賠償責任の内容的特徴」、および第五章の「鉱害賠償責任の実現方法上の特徴」は、いずれも、第一章で考察されるような諸特徴を有する鉱業損害に直面して、第二章で考察されるような法律的要因が、みずからを貫徹する手段として、どのような特殊法律関係を採用するに至っているかの具体的鉱害賠償責任という観点における個別的・具体的な考察である。したがってまた、それらは鉱害賠償責任の具体的規範内容の考察にほかならず本研究の本論ともいえるものである。第五章の「結語」は、以上のような各考察に基づく、いわば全体としての鉱害賠償責任の実体的理論の考察である。つまり、本研究の総結論となるものである。

以上が、本研究の内容の概略である。なお、おわりに、本研究は、これまで行なってきた一連の鉱害賠償研究の集約である。(6) したがって、それぞれ発表機関は異なるが、分説的な形において、すでに発表されているものが中心であることを、あらかじめおことわりしておきたい。

(1) 企業災害をめぐる無過失損害賠償理論については、わが国においても多くの研究がある。たとえば岡松参太郎・無過失損害賠償責任論、牧野英一「無過失責任」(法律における進化と進歩)、末弘厳太郎「過失なき不法行為」(法協三〇巻七号)、平野義太郎「損害賠償理論の発展」(牧野先生還暦祝賀論文集所収)、小野清一郎「危険主義の無過失損害賠償責任論」(志林二一巻六・七・九号)、我妻栄「損害賠償理論に於ける具体的衡平主義」(志林二四巻三・四・五号)、石本雅男・民事責任の研究などが代表的である。

(2) たとえば末川博・民法(上)三〇三頁、末弘厳太郎・民法雑記帳一九八頁、我妻栄・事務管理・不当利得・

不法行為（新法学全集第一〇巻民法Ⅳ）九九頁、戒能通孝・債権各論四二八頁、山中康雄・民法総則講義八六頁、来栖三郎・債権各論二四三頁、加藤一郎・不法行為（法律学全集）一四頁など。

（3）注（2）に掲げる各学説のほか、我妻栄「鉱業法改正における私法問題」（私法五号）八二頁、我妻栄・豊島陞・鉱業法（法律学全集）二七八頁、芹川正之・新鉱業法精義二一五頁、江川六兵衛・改正鉱業法解説三二一頁、伊藤律男「鉱害賠償の私法的考察」（法文論集六号）四頁、吉岡卯一郎「鉱害賠償規定の具体性」（私法一一号）五五頁、石村善助・鉱業権の研究五三〇頁、同じことは、本質論においてはともかく解釈上無過失責任と解する、たとえば平田慶吉・鉱業法要義四五八頁、美濃部達吉・日本鉱業法原理二五二頁などについてもいえる。

（4）従来の企業損害賠償理論の、このような不備を、もっとも強調しているのは我妻栄「Negligence without Fault」（末川先生還暦記念論文集所収）四五頁、および特に、岡松参太郎・前掲書一頁以下の我妻教授の序文である。

（5）Engen Ehrlich, Grundlegung der Soziologie des Rechts, S. 20f.、川島武宜・科学としての法律学一四一頁以下、渡辺洋三・法社会学と法解釈学一五一頁以下各参照。

（6）本研究の素材となった著書・論文の所在は、『農地の鉱害賠償』（日本評論新社）、「鉱害賠償責任の一考察」（九州大学法学部三〇周年記念論文集所収）、「鉱害賠償における因果関係」（舟橋先生還暦記念論文集所収）、「鉱害賠償法の指向的傾向」（菊池先生還暦記念論文集所収）、および「農地鉱害賠償の一考察」（私法五号所収）等である。

第一章　鉱業損害の実態と、その特徴

第一節　鉱業損害の実態

一　いうまでもなく鉱業損害の拡大は、鉱業の発展に即応するものである。わが国における鉱業の沿革は、かなり古いものであるが、しかし、その飛躍的発展といえば、やはり明治年代にはいってからのことといえよう。明治初期における鉱山経営は、新政府のいわば絶対王政的な国策から、鉱山業についてもまた資本の原始的蓄積の一方策として、重要鉱山の官営を行うなど、種々の鉱山育成政策のもとに進められた(1)。鉱業法制度としての明治二年の行政官第一七七号布告(二月二〇日)、同四年の太政官第一七三号布告(四月五日)(2)、同五年の鉱山心得(布告一〇〇号)、同六年の日本坑法(布告二五九号)などにみられる鉱山専有主義(Bergregal)(3)は、いずれも、これを物語っているが、このような鉱業育成政策は、だいたい官営工場払下方針決定の明治一三年末まで続く。そして、この一三年を境にして、民間鉱業によるわが鋼業界の発展時代に入るのであり(4)、資本主義経営による鉱業は、おおよそ、わが国の産業革命といわれる明治二〇年代に確立される。この鉱業の発展は、その反面において、鉱業損害の拡大を意味する。明治三〇年前後の足尾銅山の鉱毒事件、およびこれに続く別子銅山の鉱害問題は、いずれも明治中期から末期にかけて鉱山の規模の拡大と鉱毒水・煙害などの累積が、社会・政治的問題として表面化したものである。また、石炭鉱害についてみれば、六角屋文書、中原家文書、あるいは三池鉱が官有から三井に払い下げられた明治二三年に、井水の涸渇に対して鉱業所が補償金を支払い、同三〇年に溜池の補修をしたことなどが、記録にあらわれている最初のものであるが、しかし、これが社会問題化してきたのは、明治末期、大正初期になってからといえよう。そして、今日では、鉱業損害といえば、もっぱら石炭鉱害が殆んどである。(5)

二

本来、鉱業損害（以下では、ただ鉱害と呼ぶ場合もある）は、鉱業に起因する他人の不利益（積極的損害のみならず消極的損害をも含む）であるから、そのかぎりでは人と人との関係にほかならない。しかし、このような関係は、一般には、鉱業に起因する他人の物の変化、ないし破壊状態として認識され、また、そのことを、通常、鉱害と呼んでいる。そこで、ここでも、このような意味での鉱害の実状を述べることとしたい。(6)なお、以下の鉱害については、主として石炭鉱業における物損（人損は皆無に近い）を中心にしていることを、あらかじめおことわりしたい。

(1)　被害面積よりみた石炭鉱害

地表に及ぼした鉱害の現状を平面的にとらえると、全国計が七、一六八万二千坪強となり、これは、当該鉱害関係総鉱区面積五億七、九五〇万坪強に比較して、一二％強となる。これを地区別にみると、第一表のとおりである。この表からもわかるように、被害面積においても、鉱区面積に対する比率においても筑豊炭田が圧倒的に大きく、全国の六八・六％を占めている。また、府県別では福岡・熊本両県で全国の被害面積中九一％強を占め、全国鉱害の大部分が福岡県に集中している。

(2)　復旧費よりみた石炭鉱害

次に復旧費の面から現存鉱害をとらえてみると、全国鉱害総額は、

〔第一表〕地区別鉱害面積一覧表　（単位千坪）

	鉱区面積（A）	被害地区面積（B）	%（B/A）
直方地区	52,803	12,393	23.4
飯塚地区	42,562	19,903	46.7
田川地区	34,210	16,838	49.2
三池粕屋地区	157,659	16,422	10.4
佐賀地区	85,717	2,141	2.5
長崎地区	135,678	1,019	0.7
宇部地区	30,288	2,843	9.4
常盤地区	36,903	107	0.3
名古屋地区	3,579	11	0.3
福岡・熊本集計	387,372	65,559	22.8
佐賀・長崎集計	221,396	3,160	1.4
全国集計	579,550	71,682	12.3

一般鉱害（特別鉱害復旧臨時措置法で復旧される以外の損害）だけで、二二三三億九、七一七万七千円となり、これに特別鉱害分も含めると三〇一億六、五八万四〇円に達する。一般鉱害を地区別にみたのが第二表である。

(3)　被害物件よりみた石炭鉱害　被害物件別の現存一般鉱害を件数、ないし復旧費から集計してみると第三表のようになる。まず、この表によって、いかに

〔第二表〕地区別鉱害額

	鉱害復旧費（千円）
福岡・熊本地区	21,123,681
佐賀地区	537,565
長崎地区	735,360
宇部地区	780,861
常盤地区	19,236
名古屋地区	200,206
三重地区	265
全国集計	23,397,177

〔第三表〕

		全国集計	
		件数	復旧費（千円）
土木	道路　米	1,175	1,525,913
	河川　〃	141	448,892
	橋梁　平方米	149	115,251
	堤防　米	77	244,337
	護岸　〃	51	56,389
	海岸　〃	11	371,714
	砂防　〃	55	138,229
	港湾　〃	10	92,482
	その他	75	21,921
	計	1,744	3,015,128
農地	田	22,279	7,983,168
	畑	7,023	197,220
	農業用施設	29,302	8,180,388
	計	31,657	10,312,902
水道	上水道　人	606	3,503,653
	下水道　米	216	483,278
	簡易水道　人	1,396	260,370
	計	2,217	4,247,311
鉄道	国有鉄道　米	48	174,493
	私有鉄道　米	6	14,320
	計	54	188,813
学校	校舎　坪	66	248,000
	用地　〃	58	105,032
	計	124	353,032
建物	公共　坪	不明	74,568
	私有　〃	不明	4,925,520
	計	不明	5,000,088
基地　基		6,161	149,323
その他		1,007	130,580
計		40,964	23,397,177

鉱害が多方面に及んでいるかがわかる。道路・河川・橋梁・堤防・護岸・海岸・砂防・港湾・田・畑・農業用公共施設・上水道・下水道・簡易水道・国有鉄道・私有鉄道・学校・公共建物・私有建物・基地など、むしろ被害を受けない物件の方が少ないほどだといえる。そのうちで、もっとも多いのは農地で、総復旧費の四四%を占め、次が建物の二一%強、水道一八%強などの順になっている。すなわち、これ

によって鉱害の中心が農地にあることが理解される。

(4)　農地石炭鉱害　以上は、全国的規模にたっての石炭鉱害の概況である。そして、そこで特に示された特徴は、鉱害の、もっとも多いのが筑豊炭田であり、また、その鉱害物件の中心が農地であることなどであろう。そこで、以下、簡単に福岡県下における農地鉱害の概況を示しておこう。現在の福岡県における鉱害一般を示すと第四表のとおりである。この表からもわかるように、ここでも最大は、農地の鉱害である。いま、試みに、ここ二、三〇年間における県下の農地陥落状態を示すと、第五表のようになる。すなわち、同表によれば、現存鉱害農地総面積は約一万町歩で、これは県下の総農地面積約一五万町歩に対し、約七％に相当する。そして、これだけの農地が過去六〇年間に陥落し、水没したわけである。この農地鉱害による年々の米麦の減収は、実に二十二万八千石強で県下平均作の一割に相当するといわれている。

〔第四表〕

種別	被害面積	復旧費
耕地	11,300町	6,551,253,000円
家屋・宅地	23,214戸 2,463,343坪	3,383,240,000
道路・堤防	380ヶ所	1,825,915,000
上水道	54ヶ所	772,628,300
下水道	2ヶ所	35,638,600
排水溝	4ヶ所	8,572,100
鉄道	86,263米	120,171,000
基地・其他	199,490坪 65,373基	241,501,000
港湾	1ヶ所	28,104,900
計		12,965,053,800

三　以上は、鉱害、特に石炭鉱業に起因する損害の一般的概況であるが、以下では、さらに損害の内容に立ちいたって、その実態を示すことにしたい。右に見られるように鉱害の態様は各種各様の被害物件を通じて眺められるわけであるが、かかる各種各様の鉱害も、その原因行為に着目する場合、いくつかの類型化が可能である。

〔第五表〕

年	陥落被害地総面積（町歩）	出炭量（屯）
大正３年	1,238	13,478,761
〃　６年	1,862	14,984,225
〃　８年	3,375	17,077,648
〃　９年	4,212	15,847,704
昭和２年	4,565	18,226,807
〃　４年	4,901	18,207,621
〃　14年	7,775	25,137,253
〃　24年	11,300	15,107,287
〃　26年	9,150	18,037,373

そこで、ここでは便宜的にいわば原因行為別に、その損害の実態を取り上げることにしたい(7)。

(1)　鉱物掘採行為による鉱害　　土地の掘採による鉱害は、ほぼ地表の陥落と水の減少、涸渇とに分けられる。

（イ）　土地の陥落　　地下を採掘すると、地表の陥落をきたすが、陥落は一般に地表近くの地下を掘採する場合のほか、石炭鉱業においては地下二、三千尺の深部掘採の場合にも発生し得る。地表陥落による損害の主要なものは、耕地、宅地、建物、井水、溜池、水路、道路、鉄道などである。(a)耕地が陥落した場合には、土地は一般に湿潤となり、降雨があると浸水し、その生産力は害される。陥落の程度が拡大されると、排水不能のため耕地は池沼、ないしは湖水状態となり、また収穫は皆無となる。(b)宅地が陥落すると、耕地の場合と同様に土地が湿潤となり、特に降雨があれば浸水しやすくなる。陥落の程度がひどくなれば、常時浸水し、遂に宅地の効用は失なわれる。のみならず、宅地の陥落は、その上に存在する家屋それ自体の被害を惹起し、家屋の傾斜、壁の亀裂、柱の歪み、戸障子の開閉困難、雨水の漏洩などの各現象となってあらわれ、程度のひどいものにおいては倒壊も少なくない。(c)地表が陥落すると、地層中に亀裂を生じ、地下水脈を切断するため、井水の変質、減少、涸渇を惹起する。直接、日常生活と結びついているだけに、この種の損害は社会不安の原因となりやすい。(d)溜池が陥落すると、溜池は亀裂を生じ貯水能力を失なって漏水、涸渇し、また、場合によっては水は停滞し、灌漑の効用を失なう。同様なことは用水路の陥落についてもいえることで、これらの被害の結果は、結局、関係耕地の収穫減少となってあらわれる。(e)道路が陥落すると、その箇所は凹地となり雨水の浸水を招き、その程度がひどくなると、道路としての効用を失なう。同様なことは鉄道についても発生し、この場合には、汽車の脱線・顚覆の危険を生ずる。

(ロ)　水の減少・涸渇　　地下の掘採は、掘採箇所における水圧の低下をもたらすので、地表水の地中への滲下の程度を増す。その結果、水田にあっては、いわゆる水もれを起し減収の原因となる。畑にあっては乾燥過度のため作物の成育不充分となる。さらに河川・湖沼・溜池におけるこの種の被害は、結果として農業上、漁業上、工業上の各種の損害となってあらわれる。特殊なものとしては、温泉脈における水圧の低下、切断の起る場合があり、温泉の変質・減少・涸渇を来たすことがある。

(2)　坑水の放流　　地下採掘の際、湧出する多量の坑水は、これを汲上げて地表に放流しなければならない。その場合、坑水中には、鉱物、岩石の小粒のほかに、金属化合物、硫酸、塩、または油などの有害物が含まれているから、坑水が耕地、溜池、水路、井戸、河川、海などに流入するときは、種々の有害作用を及ぼす。(a)特別の排水路を設けず、坑水を、そのまま地表に流すと、坑水の大部分は、直接、間接に耕地に流入して、作物の成長を阻害し、場合によっては枯死せしめる。稲作などにあっては、減収の原因となるばかりでなく、さらに品質をも低下せしめることが多い。この種の損害のうち特殊なものとして、桑葉の被害があげられる。(b)坑水が溜池、用水路に流入した場合には、結果として作物の被害となるばかりでなく、溜池、用水路中の魚介を死滅させる場合もすくなくない。(c)坑水が河川に流入した場合には、河水の水質を変え、あるいは汚涜して、飲用はもちろんのこと、灌漑、漁業、工業などに、それぞれ被害を与える。のみならず坑水中に固形物の混入している場合には河床を降起せしめ河川氾濫の原因となる。(d)坑水が海中に流入する場合にも附近の魚介に損害を与え漁業上好ましくない場合が多い。(e)以上の坑水による損害は、鉱物の選鉱および製錬の際生ずる廃水の放流の場合にもいえることで、ほぼ同様な損害を惹起している。

(3)　捨石の堆積　　土地の掘採に伴う多量の土砂・捨石は、通常、地表の特定場所、たとえば山腹、渓谷などに堆積されるが、しかし、この堆積された捨石は、降雨などの原因により、しばしば崩壊、流出して各種の損害を与えている。(a)捨石による損害では、それが河川に流入することによる河川の氾濫、河水の汚涜が多く、特に捨石中に有毒物が混入している場合には、前述の坑水と同様の損害を与える場合もすくなくない。(b)また、捨石が、直接、耕地・溜池・水路・建物に流入する場合もあり、その場合には、耕地・溜池・水路・建物の効用を滅失ないし低下せしめる。(c)石炭鉱業に特有のことといってよいが、堆積された石炭捨石（硬山）が自然発火し、附近の山林・家屋などを延焼せしめる場合がある。(d)以上の捨石の堆積による損害は、鉱物の選鉱に伴う捨石および製錬の際生ずる鉱滓の場合にも同様である。

(4)　鉱煙の排出　　鉱物製錬のおり排出される煙の中には、煙塵や亜硫酸ガスが含まれている場合が多く、植物・動物・人体などに損害を与えることがすくなくない。(a)鉱煙は土地の土質に化学的変化を与えるばかりでなく、直接、作物に被害を与え、枯死せしめたり、その生長を阻害したりする。この種の被害のなかには、一般の米麦、野菜のみならず、除虫菊、薄荷、煙草、柑橘、桜桃などの多収益作物あるいは品質を低下せしめる。(b)鉱煙は、また、山林の樹木にも損害を與え、その成長を阻害し、枯死せしめ、は、さらに機械・器具についてもいえる。(c)鉱煙が建築物を腐蝕・汚損せしめることは当然であるが、同様なこと発育を害される。牛馬についても同様で、牛馬が煙害にかかった草を食するときは、下痢・流産、場合によっては斃死することもあるといわれる。(d)蚕児が煙害にかかった桑葉を食する場合には死亡し、また

(1)　この点については、石村善助・鉱業権の研究四四頁以下が詳しい。

(2)　明治二年、および同四年の布告については、それが、いわゆる土地所有者取得主義を採用したものとみる立場もある。この点については拙稿「いわゆる廃鉱の法律的性質」法政研究二五巻一号三八頁参照。

(3)　A. Arndt. Zur Geschichte und Theorie des Berge Bergregals und der Bergbaufreiheit, S. 51f.

(4)　高橋亀吉・明治大正産業発達史五二頁以下、菊池勇夫「石炭鉱業の発展」法政研究三巻二号八〇頁など参照。なお、明治七年以降の出炭額の推移を示すと、明治七年二〇万屯（内筑豊九万屯但し明治八年）、明治一六年一〇一万屯（内筑豊二三万屯）、明治二五年三二〇万屯（内筑豊一〇三万屯）、明治三〇年五二二万屯（内筑豊二七二万屯）、明治三五年九七四万屯（内筑豊四九三万屯）となっている（久保山雄三・石炭鉱業発達史　および九州石炭鉱業会総務部編・九州石炭鉱業小史から）。

(5)　かつて、鉱害といえば明治二〇年代から三〇年代にわたっての、足尾銅山の鉱毒水事件（田中翁遺蹟保存会編・義人全集第三、四編参照）、明治三〇年から四〇年にかけての、別子鉱山煙害事件（一色耕平・愛媛県東

伊予煙害史参照）などが想起されるが、現在では筑豊炭田の石炭鉱害（農林省農務局・炭鉱業に因る被害の実状調査参照）が、最も代表的である。都留大治郎「鉱害の階級構造」（九州大学経済学部三十周年記念論文集所収）一四頁は、筑豊鉱害史を「前史（石炭採掘開始より明治初葉）、第一期（石炭産業革命起点より産業資本の確立まで）、第二期（独占段階への移行より〈石炭統制会、日本石炭株式会社〉国家独占資本的統制の成立まで）、第三期（太平洋戦争以降）に分類」し、前史では六角屋文書（瓜生二成「遠賀流域における石炭運送の史的展望」参照）にみられる安政三年の鉱害の端緒、第一期では産業資本の確立をめぐる蒸気、爆薬、残柱長壁式切羽の実施成功、第二期では、中央大手筋炭鉱の進出、独占資本の確立をめぐる竪坑開鑿、総拂無充填長壁法の採用、第三期では、官僚、独占資本主導による石炭の国家統制（昭和一三年の石炭配給統制協議会、昭和一三年の石炭配給統制規則、昭和一四年の石炭販買取締規則、昭和一五年の石炭配給統制法、昭和一八年の重要鉱物増産法）と、戦争のための無秩序的強制出炭力などを、それぞれ特徴としてかかげている。

（6）　鉱害の概況については、これまで行なった実態調査資料のほか、資源庁炭政局開発鉱害部・一般鉱害全般調査報告書（昭和二六年）、同・石炭鉱害地実態調査報告書（昭和二六年）、福岡県編「福岡県鉱害問題調査報告（第一―一〇号）、福岡県編・福岡県の鉱害とその対策（昭和二八年）などを参照した。また、掲げた各表については、以上の各参考資料からの抜萃、および作成したものである。

（7）　鉱害の内容的実態については、これまで行なってきた実態調査資料のほか、石炭鉱害については、沢村康・福岡県に於ける炭鉱業に因る被害の実状調査一七頁以下、鷹尾敏二三・鉱害田の適正補償三三頁以下、その他の鉱害については、平田慶吉・鉱害賠償責任論六頁以下各参照。

第二節　鉱業損害の特徴

一　以上、主として石炭鉱害を中心に、鉱業損害の実態を眺めたわけである。そこで、ここでは、右の実態を通して理解される鉱業損害の特徴を指摘することにしたい。

(1)　以上の鉱業損害の実態を通じて、まず指摘されることは、鉱業損害が、いわゆる適法行為による不法行為（損害）[1]だということであろう。すなわち、実態のうちの、特に損害内容の考察からも理解されるように、鉱業損害の態様は各種各様であるが、その各種各様の鉱業損害も、その原因行為に着目するとき、それは、もっぱら、いくつかの定型可能な鉱業上の作業に基づくものだということができる。たとえば土地の掘さく、坑水・廃水の放流、捨石・鉱さいのたい積、鉱煙の排出などの各作業がそれである。そして、これらの作業は、すべて鉱業権に基礎を置くものであり、鉱業権の権利行使それ自体にほかならない。そして、このような鉱業権の権利行使の結果が、つまり鉱業損害となるわけであり、この意味において、鉱業損害は、いわゆる適法行為による不法行為（損害）となるのである。

(2)　鉱業損害の第二の特徴は、鉱業損害が、鉱業に固有して鉱業から結果する、注意してもなお発生しがちな、その意味での不可避的な損害（以下同様）ということであろう。それは、鉱業損害が、右に述べるように鉱業権の権利行使の結果であるということからも充分理解されるところであろうが、さらに地下鉱物の採取という鉱業の特性を考えるとき、今日の技術をもってしても、なお完全な損害防止は期待し難いところとなっているからである(2)。

(3)　鉱業損害の第三の特徴は、鉱業損害は継続的な損害だということであろう。一般に、鉱業損害は、いわゆる破断角の範囲で生ずるものとされるが、しかし、その現われ方は、まず、原因行為があってから、早くて一、二カ月、遅くて一年後に損害発生開始となり、その後、徐々に、しかも不連続的に進行して(一般に、この間の鉱害を不確定鉱害と呼ぶ)、三、四年に至って、始めて確定損害となるのである。もちろん、その進行過程は、地形・地質などによって差異があるが、かように一個の損害でありながら、確定損害となるまで、長期にわたって様々の不確定損害という過程をたどる点で、鉱業損害は継続的な損害となるのである(3)。

(4)　鉱業損害の第四の特徴は、鉱業損害が、因果関係の不確定な損害だということであろう。いうまでもなく、鉱業損害は、鉱業という一つの企業活動をめぐって生ずる企業損害である。しかも、その企業活動は、もっぱら地下の鉱物採取にある。加えて右に述べるように、損害行為があってから、確定に至るまで長期にわたる不安定な継続的損害である。鉱業損害の、このような諸要素は、結局、鉱業損害をして、因果関係不確定な損害とならしめるのである(4)。

二　以上、鉱業損害の実態を通じて理解される鉱業損害の主要な特徴を指摘したわけである。

ところで、ここで明らかにされたような鉱業損害の諸特徴を考えるとき、そのいずれを取り上げても、過失責任を原則とする不法行為責任は、なんらかの形におけるその修正を余儀なくされるであろうことは容易に理解されるところである。そして、適法行為による、不可避的な、継続的な、そして因果関係の不確定的な鉱業損害に直面して、過失責任を原則とする不法行為責任が、どのような修正を受けたのか、したがってまた、その修正の法律的要因が何であったかが次に検討される第二章の「鉱害賠償制度の沿革」にほかならない。

（1）　わが国において、はじめて適法行為による不法行為理論を構成したのは、末弘厳太郎「適法行為による不法行為」（民法雑記帳）三二四頁以下である。鉱害賠償責任について、この立場をとるものとしては、塩田環「鉱業権者ノ土地所有者ニ対スル賠償義務ヲ論ス」法協三九巻一号四一頁以下がある。従来、不法行為における違法性は、被害者の権利侵害にあるとされたわけであるが、今日では、加害者の行為が違法であるかどうかが問題とされ（末川博・権利侵害論　二〇一頁以下）、さらには、違法性の決定は、「被害者利益の種類と侵害行為の態容との相関関係に於て考察する」という立場に変りつつある（我妻栄・事務管理・不当利得・不法行為一二五頁）。適法行為による不法行為、ないし損害の違法性を、どのように構成するかはともかくとして、いずれにせよ、鉱業損害の、このような特徴は、過失責任を原則とする不法行為理論に、なんらかの修正を要求することは当然であろう。

（2）　福岡県鉱害対策連絡協議会編・石炭と鉱害三四頁以下参照。この点は、従来の学説によって、いずれも認められているところである。そして、鉱業損害の不可避性ということからして、一般に鉱害賠償責任は、企業者の無過失責任だと解されているわけである。これに対して、不可避性にもかかわらずなお過失の存在を認めようとするのが、平田慶吉・鉱害賠償責任論一〇八頁以下である。鉱業損害の不可避性をどのように見るかはともかくとして、そのことにより過失責任を原則とする不法行為論が、なんらかの修正を受けることは、これまた当然である。

（3）　福岡県鉱害対策連絡協議会編・前掲書三五頁以下参照。従来、鉱業損害のこのような特徴は、学説によって充分検討されていないが、鉱業損害のこのような特徴は、適法行為による損害、不可避な損害ということと同様に重要なことであり、特に、鉱害賠償責任の内容面において問題となる。その点については、本研究第四章において詳述するところである。

（4）　沢村康「福岡県の炭鉱業被害問題概観」（福岡県鉱害問題調査報告第一号）二四頁参照。鉱業損害の、この点の特徴も従来の学説により、あまり理解されていない。このことも、さきの継続性と同様に、きわめて重要なことであり、因果関係の確定、賠償権利者の確定、賠償範囲の確定において、いずれも問題となることであり、本研究の第三章、第四章で詳述するところである。のみならず、昭和一四年に、はじめて鉱害賠償制度ができたのも、鉱害賠償の無過失性ということよりも、この面の解決に意味があったともいえるほどである。

第二章　鉱害賠償制度の沿革

第一章で考察したような諸特徴を有する鉱業損害に直面して、過失責任を原則とする不法行為責任が、どのように修正されていったか、また、その修正、したがってまた鉱害賠償制度の社会・経済的諸条件に基づく法律的要因が何であったかという場合、もっとも重要となることは、わが国の鉱害賠償制度の成立過程であることはいうまでもあるまい。しかし、後述のように、わが国の鉱害賠償制度は、ドイツの鉱害賠償制度を母法としており、また、比較法的にいっても、鉱害賠償制度を採用するのは、わが国以外では、ドイツだけである。そこで、以下では、まず、ドイツにおける鉱害賠償制度の成立過程を概観し、つづいて、わが国の鉱害賠償制度の成立過程を取り上げることにしたい。

第一節　諸外国における鉱害賠償制度の沿革

一　すでに述べたように、比較法的に見て鉱害賠償制度を採用しているのは、わが国以外ではドイツだけである。しかし、そのほかの、たとえば、フランス、イギリスなどにおいても整備された鉱害賠償制度こそ採用してはおらぬが、フランスにおいては不法行為規定の判例を通じて、またイギリスにおいてはコモン・ローを通じて、鉱害賠償は、それぞれ特徴のある発展の見られるところとなっている。そこで、ドイツにおける鉱害賠償制度の成立過程を概観するまえに、それとの比較の意味において、フランスおよびイギリスにおける鉱害賠償の取り扱いを簡単に見ることにしたい。

二　フランスの場合

フランスの鉱害賠償についての特徴は、後述のドイツの場合と異なって、特別の鉱害賠償制度としては、殆んど規定を設けておらず、もっぱらフランス民法第一三八二条以下の各不法行為規定の判例を通じて発展させられていることである。

そこで、まず、フランスの現行鉱業法についていえば、現行のフランス鉱業法は、一九五六年八月一六日に成立したものである。(1) この改正法は、基本的には従来の鉱業法を、そのまま継承したものであって、すなわち、一八一〇年四月二一日成立の「鉱山、土砂鉱山及び採石に関する法律」を中心に、その後公布された附属法令を整備して作られたものである。(2) 第一部の一般制度、および第二部の特別制度よりできている。したがって新法の内容は、それまでの一連の関係鉱業法と殆んど変りがなく、つまり、その第一部においては、鉱業権の賦与を始めとし鉱業の実施監督などを規定している。ただ第二部では、石炭鉱業の国有化、ポタシューム塩鉱業についての特別規定、石油、天然ガス鉱業についての特別規定、国立の地質、物理学的調査機関などについての特別規定を設けていることが注目される。

ところで、鉱害賠償についてはどうかといえば、まず賠償責任については、フランス鉱業法第七二条四項は、「土地の占有、あるいは買収についての補償の算定方法に関する本条の規定は、探査、又は採掘の作業による土地所有者の損害については適用されない」ことを明らかにし、つまり鉱害賠償は、民法の一般不法行為に依る旨を示している。(3) そして、鉱害賠償に関するものとしては、ただ、わずかに第七四条において、「鉱物探査権者、または鉱業権者は家屋若しくは居住地域の下、または、その隣接区域の下で作業する場合には、これによって生ずべき損害の全部を賠償するに足る保証を提供しなければならない」とする賠償保証義務を規定しているのみである。そして、この賠償保証義務制度は、一八一〇年法の第一五条の規定を、そのまま承継したものである。以上の現行鉱業法の内容からも理解されるように、現行鉱業法は鉱害賠償については殆んど規定らしいものは設けていない。それでは鉱害賠償、特に賠償責任はどのように取り扱われているのであろうか。すでに述べるように、それは結局、フランス民法第一三八二条以下の各不法行為規定によって解決されるわけであるが、そこでは規定上はともかくとして、もっぱら判例を通じて、きわめて特徴的な発展が見られるところとなっている。フランスにおいて鉱業損害が特に顕著となったのは一八世紀の中頃以後といわれるが、しかし、当時の、これに対する判例の態度は、フランス民法第一三八二条の規定に、きわめて忠実であり、つまり鉱害賠償責任は、同規定に基づく過失責任だとするものであった。(4)そして、当時は、このような判例の立場は、同時に学説によっても支持されるところであった。(5)しかしながら、一九世紀に入り鉱業損害がいっそう顕著となるにしたがって、被害者による鉱業権者の立証の困難という事情、また鉱業権者としても、いかに地表沈下の予防措置を講じたとしても損害の発生の完全な回避が期待できないという事情などは、ようやく過失責任としての鉱害賠償責任に対して、きびしい反省を要求するようになってきた。その結果、ついに一八四一年一月四日の大審院判決は、損害の事実の発生と共に鉱業権者に当然に賠償義務の存することを示し、次いで一八四二年七月二〇日の同判決が、これに賛同してからは、その後の判例は、鉱業損害については、すべて、この立場を採用するところとなり、今日に至っている。(6)結局、判例は、鉱害賠償が鉱業権者の結果責任となることを認めたわけであるが、しかし、どの規定を根拠として、そのような結論に至ったかについては、従来、学説上、いろいろ争の存するところである。鉱業法上の賠償保証義務を援用するもの、鉱業法全体の精神だとするもの、いわゆる危険責任に基づくものとするものなど様々であるが、[7] 一般にはフランス民法第一三八四条に基づくものとするのが現在の通説といえよう。[8] このように、その根拠については必ずしも明確ではないが、鉱業損害の拡大に直面して、結局、過失責任としての鉱害賠償責任が、結果責任としての鉱業賠償責任へ移行せしめられたことは注目されねばならない。

三　イギリスの場合　　イギリスにおいては、鉱業に関する成文法規は、その他の法領域に比して、かなり多い方であるが、これらの成文法規は、もっぱら鉱業警察、または鉱夫保護に関するものであり、したがって鉱業をめぐる私法領域は、原則としてコモン・ローに支配されるところである。鉱害賠償も、その例外ではない。ただ塩水採取による地表陥落に関しては一八九一年の塩水採取陥落賠償法がある。イギリスにおける鉱業損害は、すでに一八世紀初頭から、かなりな程度に進んでいたといわれるが、これに対するコモン・ローの推移は、かならずしも明確ではない。たとえば鉱業による地表の陥落は、生活妨害（nuisance）としての不法行為になるわけであるが、これは鉱業に限ったことではなく、いわゆる地表支持権（right of support）の侵害の事件は、殆んどの場合が生活妨害となるわけである。[9] かってもそうであったが今日でもそうである。したがって、鉱業損害のうち、土地の陥落については、鉱業損害を契機として、コモン・ローの推移ということは明確ではないわけであるが、しかし、それ以外の損害については、かなり、その推移が見られる。すなわち、鉱業損害の発生当初は、地表支持権以外の損害のコモン・ローは、もっぱらネグリゼンスであった。[10] したがってまた、加害者に故意・過失が存在しないかぎり賠償責任は成立しなかったわけである。しかし、鉱業損害の拡大につれて、そのことの不合理がイギリスにおいても反省されるようになったことは、前述のフランスの場合と同様である。その結果、イギリスにおいても、地表支持権侵害以外の鉱業損害は、だんだん、不法侵害（trespass）[11]、あるいは人工的累積（Artificial Accumulation）[12] としてのコモン・ローに移行するようになってきた。そして、今日では、鉱業損害は、生活妨害、不法侵害、および人工的累積のいずれかによって解決されるのが原則といえよう。したがってまた、ここでも鉱害賠償が実質上企業者の結果責任となることはフランスの場合と同様である。[13] もっともイギリスの鉱害賠償については、それがコモン・ロー上、企業者の結果責任に基づくものであるということもさることながら、特に石炭鉱害については、今日、その賠償が、いわば国家賠償の方向に近ずきつつあるということの方がより特徴的だといえよう。いうまでもなく、イギリスにおいては、一九三八年の石炭法、および一九四六年の石炭産業国有化法を通じて、石炭鉱業の固有化が行なわれたわけである。[14] このことは、たんにそのことのみにとどまらないで、さらに鉱害賠償の面においても影響がみられ、すなわち、具体的には一九五〇年の、また、それを修正発展せしめた一九五七年の各石炭鉱業沈下法となって現われている。[15] 一九五〇年の石炭鉱業沈下法は、一九四六年の石炭鉱業国有化を機会に、主として小住宅の鉱害につき、その救済を国家において処理しようとしたものであったが、一九五七年の石炭鉱業沈下法は、その立場を、さらに前進させ殆んどの石炭鉱害を、その対象とするに至っている。すなわち、同法第一節第一条は、その適用対象を次のように規定している。

「合法的な石炭の採掘、あるいは、それと同時に採掘される石炭、および他の鉱物の採掘、並びに石炭を加工して出来る生産物の合法的な取得に関連して発生する損害にして次のすべての損害を含む。(a)建物、または、建造物、あるいは次の何れかの製作物、すなわち建物、または建造物内の汚水渠、排水渠、建物内のガス、電気、水、熱、電話のパイプ、ワイヤー、あるいは外部に備付の固定器具。(b)ガス、電気、水、熱、電話、あるいは、これに相等するサービスの供給のための建物、または建造物。(c)以上の建物、建造物、および施設の土地。」がそれである。そして、つづいて同法同節第二条は、「石炭庁は鉱害発生後、速やかに損害発生前の使用目的にそうような必要工事を行わなければならない。但し、その工事の範囲は、当該物件が損害発生前有していた効用以上に行う必要はない」として、石炭鉱業損害に対する国の責任を明らかならしめている。この法律は、石炭鉱害についてのみ認められること、スコットランド地区には適用がないこと、また、従来から認められてきたleaseによる地代的な年々賠償を排除していないことなどの点において国家による完全な鉱害復旧法としては、なお不備な点も見受けられるが、その存在は、わが国の鉱害賠償の実状からして、充分注目されてよいことだと思われる。

四　ドイツの場合　以上のフランス、イギリスの場合と比較して、ドイツの鉱害賠償は、どのような推移をたどったのであろうか。一八世紀に至るまでの各州のドイツ鉱害法令には、鉱業賠償についての特別規定は設けられていなかった(16)。もちろん、当時においても鉱害損害は発生していたが、それは、なお軽微であり、また土地所有者には、特殊の権益が認められるのが普通であり、鉱害賠償は、その特殊権益のなかで処理された。すなわち、当時の土地所有者は、自由鉱山株（Freikuxe）、共同鉱山株

(Mitbaurecht) などの名で呼ばれる、鉱業権についての出資義務のない持分を与えられ、採掘鉱産物の分配という形態において鉱害賠償を解決していたわけである。(17) もっとも、その場合の解決は、もっぱら、鉱業上の土地使用に対する補償としての性格の強いものであった。(18) 一八世紀に至るまでの鉱業が、主として山地で行われる金属鉱業であったため、鉱業損害も軽微であり、鉱物採掘が損害をもたらすかぎり、その損害は、右に述べるような土地所有者の特殊権益のなかで解決されることが可能であった。そして、当時の鉱業には、通常、ただ一人の土地所有者が関係していたという、いわば封建的土地所有関係が、そのことを、いっそう容易ならしめたわけでもある。(19)

鉱業が、もっぱら山地で行われた時代はともかく、やがて山地を去って特に豊富な石炭層を埋蔵する平野に入るに及んで、鉱業損害も、だんだん拡大の度を加えてくる。それまで、自由鉱山株や共同鉱山株でことの済んでいた賠償も、それに代る金銭賠償が出現してくる。(20) しかし、その場合でも、従来の自由鉱山株や共同鉱山株によるか、あるいは金銭賠償によるかは、主として鉱業権者の自由な選択にまかされていたといわれる。(21) さらに進んで一八世紀に入るや鉱害の発展、および古い封建的土地制度の解体とともに、従来の鉱業利益配分参加の方式も次第にすたれてゆき、金銭賠償が盛となり、一部の州法においては、そのことを明文化するほどであった。たとえば一七七六年のクレーブマルク鉱業条令や、一七九〇年のシレジヤ鉱業条令などが、その例である。(22) このように、特に石炭鉱業の発展に伴う鉱業損害の拡大により、鉱害賠償が課題にのぼってくるわけであるが、しかし、当時の鉱害賠償は、なお鉱業による土地使用、ないし収用に対する対価という面が強く、一般の鉱物掘採による、いわゆる鉱害の賠償ではなかったようである。したがって、一七八五年の連邦鉱業法草案における地表鉱害防止の規定、一七八六年の同草案改正案においての鉱業損害の規定および一七九四年のプロイセン普通法第一一二条の「土地所有者に対し鉱山作業のため、その譲渡し、および失いたる一切について完全賠償をなすことを要する」との規定などは、一部の学説においてはともかく、大多数の学説は、いずれも、それが、ただ土地所有者への鉱山用土地使用、ないし収用による対価の支払を意味すると理解していた。それゆえ、固有の意味での鉱害賠償は、たとえばプロイセンについていえば、当時では、結局、過失責任を根拠とするプロイセン普通法の第一部第六章に規定される不法行為についての各規定により解決されていたわけである。(23)(24)(25)

ドイツにおいて、鉱害賠償が、民法（普通法）の不法行為から独立して、鉱業法のなかに組み入れられようとしたのは、厳密には、一八三三年のプロイセン普通鉱業法草案、そして特に一八三五年の同修正法案（二四四条以下）からだといえよう。しかし、この草案における鉱害賠償も、プロイセン普通法と同じ原則にたち、つまり鉱業権者に故意・過失があればともかく、「偶然におこるか、あるいは全く予期し得ない不可避の原因により生じた場合」は、土地所有者は、その損害を甘受しなければならないとしていることは注目されねばならない（二四四条参照）。鉱業損害の拡大に直面して草案を含めて、このような普通法上の不法行為の立場に対して、その修正をもたらしたのは、プロイセン高等法院の判例、また、その判例を支持した学説の功績であったといえよう。一八三九年三月一六日のプロイセン高等法院の判決は、鉱害においては、過失は全然問題とならないとはいえ、鉱業権者は、自己の利益のため鉱(26)

業を営み他人の所有権を危険ならしめるものであるから、他人の受けた損害については公平の原則上賠償しなければならない旨を明らかにした。つづいて一八四三年四月一八日の同院判決は、鉱害としての水源の涸渇は完全に賠償されるべきだとし、その理由として、損害発生の原因となった設備が当該土地の下に設置されていない場合にも、また、土地所有権者が相応の注意を払えば、その損害の発生が予見できた場合にも責任は免れない旨を述べている。このような高等法院の立場は、学説の支持ともあいまって、やがて、一八四一年、および一八四六年のプロイセン普通鉱業法草案、また、さらに一八六二年の改正草案を経て、遂に一八六八年のプロイセン鉱業法の第一四八条以下に結実されるに至った。したがって、現行プロイセン鉱業法における、つまり鉱業権者の結果責任としての鉱害賠償責任は、以上のような判例の立場に対して、いわば、その規定的表現を与えたものとされるわけでもある。[27]同様なことはザクセン鉱業法についてもいえ、ザクセン鉱業法も、ほぼプロイセン鉱業法と同じような経過をたどって一八六八年、結果責任としての鉱害賠償責任を認めるに至った。[28]

以上がドイツ、特にプロイセンにおける鉱害賠償制度の成立過程である。そこで、以下では、本研究に必要な限度で、プロイセン鉱業法における鉱害賠償制度の概略を見ることにしたい。

プロイセン鉱業法における鉱害賠償規定は、同法第一四八条以下第一五二条に至る五カ条からなっている。その基本をなす規定は第一四八条であって、わが鉱業法の第一〇九条に相当するものである。すなわち、同条第一項は、「坑内、または坑外による鉱業上の作業のため、土地所有権、または、その従物に損害を加えたるときは鉱業権者は、その作業が被害土地の地下においてなされると否とを問わず、その損害が鉱山占有者の過失に基づくものなると否とを問わず、また、その損害が予見することをうべかりしものなると否とを問わず、一切の損害に対して完全なる賠償をなすの義務を有する」ことを規定している。(29) 第一四九条は、多数鉱業権者の共同鉱害の場合における連帯責任について、第一五〇条は工作物の建設が被害者の過失に基づく場合の鉱業権者の免責について、第一五一条は賠償請求権の消滅時効について、第一五二条は試掘作業、または鉱業出願中の作業による損害について、それぞれ規定している。

(1)　賠償義務　プロイセン鉱業法における賠償義務は、不法行為上の責任と異なって結果責任である点で特徴的である。そして、一般には、この結果責任を企業者の危険責任と解するのが通説である。(30) もっとも一部の有力説においては、それが、土地所有権者の物上請求権に代る存在だと解する立場のあることは注目されてよいであろう。(31)

(2)　鉱業損害　鉱業損害は、鉱業の経営を通じて、他人の土地所有権または、その附属物に侵害を与えた損害である。(32) 鉱業経営は、鉱業法にいう鉱物の採掘を目的とする経営に限るもの、したがって、鉱業権に基づくものである。土地所有者の鉱物の採掘は鉱業法には属せず、したがって、この種の採掘が原因となって他人の土地所有権に及ぼす鉱業損害については、プロイセン鉱業法第一四八条の適用はないわけである。土地所有権者の鉱物採掘には、ドイツ民法の一般不法行為規定が適用される。(33) また、第一四八条にいう鉱業経営は、鉱業法にいう鉱物の採掘だけでなく、鉱業経営内の探鉱、選鉱、および運搬、ならびに鉱区からの搬出をも含んでいる。(34) 鉱業損害の概念を他人の土地所有権、または、その附属物に対する損害と限定することによって、人および動産に加える損害を、第一四八条による賠償義務から除外し、したがってまた、その限度でドイツ民法の一般不法行為規定の適用が見られるわけである（独民法八二三条以下）。

(3)　賠償義務者　　賠償義務者は、第一四八条によれば鉱山占有者である。ここに鉱山占有者というのは、一般には自己の計算において鉱業を行う者、すなわち、鉱業権者、および鉱業権の用益権者だと解されている[35]。しかし、判例、および一部の学説においては鉱山占有者を鉱業権者に限定する立場も見られる[36]。なお、賠償義務者は、鉱害の原因となった鉱業上の作業を行った鉱山占有者ではなく、損害発生時の鉱山占有者だと解されていることは注目されてよいであろう[37]。さらに損害が二個以上の鉱山の作業によって生じた場合の、関係鉱山占有者の連帯賠償責任については第一四九条が規定するところである。そして、この場合の連帯債務については、ドイツ民法第四二二条ないし第四二六条が適用される[38]。

(4)　賠償権利者　　賠償権利者は、土地、および、その附属物について損害を受けた一切の人である[39]。たとえば所有者、用益物権者、賃借人などである。しかし、抵当権者、および、これに類似する権利者は含まれず、これらの者は債務者の賠償請求権に代位することができるのみである[40]。

(5)　賠　　償　　賠償の範囲は、土地、および、その附属物の一切の損害に及ぶが、いわゆる相当因果関係の範囲を原則とする[41]。賠償については、損益相殺、過失相殺が認められるのみならず、第一五〇条一項では、さらに、特別の免責を認めている[42]。賠償の方法は、ドイツ民法第二四九条、ないし第二五一条の規定により、原則として原状回復の方法によるが、原状回復の不能、不経済な場合には金銭賠償が認められる[43]。

(6)　時　効　賠償請求権は、被害者が損害の存在、および加害者を知りたる時より三年間これを行使しないときは時効によって消滅する[44]。

なお、おわりにドイツの鉱害賠償についての重要な附属法令について附言すれば、その一つは一九二三年三月二三日に成立したプロイセン鉱区測量士規定であり、その二は、一九二四年七月一八日成立したエムシエル地域の水流の規整及び汚水浄化を目的とする組合の設立に関する法律である。前者は、鉱業実施のための地表及び地下についての記録をとり、これを図面上に記載するのほか、鉱物の採掘その他鉱業経営の目的のための一切の作業が、その調査業務の対象となっている（同規定第二条参照）。後者は、鉱害復旧の統一的な計画に基づき水利の統制、エムシエル水域の汚水浄化、並びに建設された施設の維持管理を目的とするものである（同法第一条参照）。これらは、いずれも、わが国の鉱害処理に当って注目されるべき存在だといえよう[45]。

（1）　小島慶三・藤村正哉編・転換期に立った欧州石炭鉱業の現況と将来七六頁参照。
（2）　一八一〇年のフランス鉱業法については、杉山直治郎「フランス鉱業法」法協三九巻五号一〇頁参照。
（3）　一八一〇年法においても鉱害賠償は、民法の不法行為によることを原則とした。平田慶吉・鉱害賠償責任論二一一頁以下参照。
（4）　たとえば一八三七年七月一八日、一八四一年三月三日などの各大審院判例がそうである（平田・前掲書二〇一頁、Louis Aguillon, Legislation des mines en France p. 377）。
（5）　Louis Aguillon, op. cit., p. 377.

（6）鉱害賠償責任を認めたのは、一八四一年一月四日の破毀院判決が最初であり、つづいて一八四二年七月二〇日の同院判決が、これに賛成した。もっともこの二つの判例は、なお採掘者に faute の存することを推定したのだと見ることもでき（Louis Aguillon, op. cit., p. 377.）、その意味では、結果責任を認めたのは一八五二年一一月一六日以後の判決ということになる（平田・前掲書二〇一頁参照）。
（7）Louis Aguillon, op. cit., p. 377.
（8）小島・藤村・前掲書七六頁参照。なおフランス民法第一三八四条については、野田良之「自動車事故に関するフランスの民事責任法」（法協五七巻二号）二〇三頁以下参照。
（9）J.Salmond, The Law of Torts, p. 299., R.F.Macswinney, The Law of Mines, Quarries and Minerals, p. 168.
（10）イギリスと同様に原則としてコモン・ローに従うアメリカにおける鉱害賠償責任については、今日でもネグリゼンスだとする見解が有力である。たとえば、Albert A. Ehrenzweig, Negligence without Fault-Trends toward an Enterprise Liability for Insurable Loss, p. 35.
（11）W.M.Geldart, Elements of English Law, p. 183.
（12）W.Bainbridge, The Law of Mines and Minerals, p. 429. なお、人工的累積の代表的先例は、Rylands v. Fletcher（1868）, L. R. 3H. L. 330である（田中和夫・英法概論四八三頁参照）。
（13）nuisance や、Trespass や、artificial Accumulation には、なんら加害者の故意・過失を必要としないからである。
（14）英国の石炭産業国有化については、菊池勇夫編著・臨時石炭鉱業管理法の研究八九頁以下参照。
（15）小島・藤村・前掲書七九頁以下参照。
（16）Gustav W.Heinemann, Der Bergeschaden auf der Grundlage des preussischen Rechtes, S. 14., H.Isay u.R.Isay, Allgemeines Berggesetz für die preussischen Staaten Bd. II,S. 60.
（17）G.W.Heinemann, a. a. O. S. 14., H.Isay u.R.Isay, a. a. O, S. 60.
（18）H.Isay u.R.Isay, a. a. O. S. 60., R. Müller-Erzbach, Das Bergrecht preussens und des weiteren Deutschlands,

S. 337.

（19） G.W.Heinemann, a. a. O. S. 14.

（20） G.W.Heinemann, a. a. O. S. 14.

（21） G.W.Heinemann, a. a. O. S. 15.

（22） G.W.Heinemann, a. a. O. S. 15.

（23） Müller-Erzbach, a. a. O. S. 338.

（24） Müller-Erzbach, Gefährdungshaftung und Gefahrtragung, S. 344.

（25） プロイセン普通法の不法行為が、ドイツ固有法の影響を受けているにもかかわらず、結局、過失責任を採用したことについては、原田慶吉・日本民法典の史的素描三八七頁参照。なおプロイセン普通法における不法行為規定はきわめて具体的であり、一三七カ条からできており、本文の第一一二条も、その一つにほかならない。

（26） Müller-Erzbach, a. a. O. S. 344.

（27） Müller-Erzbach, a. a. O. S. 345., G.W.Heinemann, a. a. O. S. 15.

（28） G.H.Wahle, Das Allgemeines Berggesetz für das königreich sachsen, S. 293.

（29） §.148. Der Bergwerksbesitzer ist verpflichtet, für allen Schaden, welchen dem Grundeigentume oder dessen Zubehörungen durch den unterirdisch oder mittels Tagebaues geführten Betrieb des Bergwerks zugefügt wird, vollständige Entschädigung zu leisten, ohne Unterschied, ob der Betrieb unter dem beschädigten Grundstücke stattgefunden hat oder nicht, ob die Beschädigung von dem Bergwerksbesitzer verschuldet ist, und ob sie vorausgesehen werden konnte oder nicht.

Den Hypotheken-, Grundschult- und Rentenschult- gläubigern wird eine besondere Entschädigung nicht gewährt.

（30） H.Isay u.R.Isay, a. a. O. S. 61., Müller-Erzbach, a. a. O. S. 380., R.Klostermann, Allgemeines Berggesetz für die preussischen staaten, S. 411.

(31) G.W.Heinemann, a. a. O. S. 25.
(32) G.W.Heinemann, a. a. O. S. 27., R.Klostermann, a. a. O. S. 411., H.Isay u.R.Isay, a. a. O. S. 64.
(33) G.W.Heinemann, a. a. O. S. 28.
(34) もっとも一部には反対説もある。たとえば、H.Isay u.R.Isay, a. a. O. S. 65., R.Klostermann, a. a. O. S. 411. など。
(35) R.Klostermann, a. a. O. S. 408., G.W.Heinemann, a. a. O. S. 90f.
(36) H.Isay u.R.Isay, a. a. O. S. 77. なお判例については、G.W.Heinemann, a. a. O. S. 91.
(37) G.W.Heinemann, a. a. O. S. 92., H.Isay u.R.Isay, a. a. O. S. 74.
(38) G.W.Heinemann, a. a. O. S. 95.
(39) G.W.Heinemann, a. a. O. S. 86.
(40) G.W.Heinemann, a. a. O. S. 88.
(41) H.Isay u.R.Isay, a. a. O. S. 72.
(42) 第一五〇条一項は、「鉱業上の作業のため建物、その他の工作物に損害が発生した場合において、かかる工作物が土地占有者が通常の注意を用いるならば鉱業上の作業のため損害を受くべきことの危険を知りうべかりし時期において建設されたときは、鉱業権者は賠償義務を有しない」旨を規定する。
(43) G.W.Heinemann, a. a. O. S. 54f.
(44) 長期消滅時効は、ドイツ民法第一九五条により三〇年と解されている（G.W.Heinemann, a. a. O. S. 109）。
(45) この二法律については、小島・藤村・前掲書八五頁以下が詳しい。

第二節　わが国における鉱害賠償制度の沿革

一　わが国における鉱業損害の拡大が明治に入ってからのことであり、特に二〇年代より著しくなったことは、すでに述べる通りである。

ところで、このような鉱業損害の拡大に対して、これに対する鉱害賠償はどのような運命におかれ、また、どのように解決されていったのであろうか。[1] 明治初年の一連の鉱業立法については、すでに概観するところであるが（第一章参照）、その段階では、まだ鉱業損害もそれほど大きいものではなく、もちろん鉱害賠償についても、なんら触れるところではない。

(1)　日本坑法　わが国において、はじめて体系的に整備された鉱業法といえば、明治六年七月二〇日に公布された日本坑法（太政官布告二五九号）である。日本坑法は、それ自身民坑に関する法律であり、当初は、スペイン鉱業法を模範として起草されたが、後にはオーストラリヤ官有地の鉱業法規も参照されたといわれる。[2] 日本坑法は全文八章三二款（条）からなり、当時としては、かなり整備された法典だった。同法の主内容は、坑物（四款）、試掘（四款）、通洞（四款）、坑業（一一款）、廃業（四款）、製鉱所建築（二款）、税納（三款）からなり、これに坑法附示、および試掘、借区、通洞に関する願書の書類式様が添附されている。日本坑法は、このように、かなり整備された鉱業法であったが、鉱害賠償については、やはり何等規定するところでなかった。もっとも同法第一七款が「試掘開坑或ハ通洞等ヲ企ルニハ舎屋鉄道河流及道路ノ如キ其害ヲ受ヘキ場所ハ度ヲ計テ之ヲ避ケ殊ニ城壁ハ七十間以内ノ地ヲ避ク可シ。凡場所ノ主タル者応諾スルニ非スシテ此ヲ犯ス者有レハ城堡ハ其律ニ任シ余ハ其損害ヲ償復スル一倍ノ費額ヲ取テ本費ハ其主ニ附与スベシ」と規定し、また、同法二三款が、「総テ坑区ヨリ隣区ニ患害損傷ヲ被ラシムルトキハ之ヲ償フベシ若シ償金決セズンバ鉱山寮ヨリ裁決スベシ」と規定して、隣接土地、ないし鉱区との利用調節を計り、また、それをめぐって生ずる損害に対して賠償を認めていることは注目されてよいであろう。

(2)　鉱業条令　日本坑法についで出てくる鉱業立法は、明治二三年九月二六日公布の鉱業条令(法律八七号)である。日本坑法は整備された鉱業法ではあったが、その基本的立場は、鉱山専有主義(Bergregal)であった。[3]しかし、このような立場は、明治一三年に始まる官営鉱山の払下げを起点として新しい発展時代に入ってゆく、わが国鉱業の発展に、とうてい即応するものではありえなかった。そこで、一八六五年のプロイセン鉱業法を模範として、いわば鉱業自由主義(Bergbaufreiheit)[4]を基礎とする鉱業条令が、それまでに至る日本坑法にとってかわることとなったわけである。[5]鉱業条令の主な内容は第一章の総則、第二章の試掘及採掘、第三章の鉱区、第四章の土地使用、第五章の鉱業警察、第六章の鉱夫、第七章の鉱業税、鉱区税及手数料、第八章の罰則、第九章の附則からなっている。しかし、この鉱業条令においても鉱害賠償については、なんら触れるところのないことは日本坑法の場合と同様である。ただ、この点で注目されることは、鉱業条令のできるまでの農商務省原案の第三五条では、

「試掘人及鉱業人其ノ試掘又ハ鉱業ヲ為スニ当リ他人ニ損害ヲ蒙ラシメタルトキハ賠償ノ責ニ任スヘシ」という鉱害賠償規定を認めていたことである。これは、多分に同条令がプロイセン鉱業法を母法としていたためプロイセン鉱業法の第一四八条に対応して設けられたものと思われる。しかし、この規定は、結局、同条令の審理過程で削除されたわけである。それが、なぜ削除されたかは、今日、なお不明である。一部の学説においては、当時は、丁度、足尾鉱毒事件の最中であり、このような規定を設けることが、現実にどのような結果を生むかを予想して削除したのではないかとされている。(6)

(3)　旧鉱業法　　鉱業条令が施行された明治二〇年代より三〇年代の時代は、わが国の鉱業の基礎が固定し、飛躍的に展開をとげた時代である。この時代における鉱業生産の展開は、前時代に比して、はるかに著しいものが見られ、それに伴う生産規模の拡大と資本の集中はめざましいものがあった。(7)しかし、そのような展開の反面には、試掘権制度の濫用による鉱区の独占・睡眠化、鉱業自営主義を無視した斤先掘、その他非合法慣行の発生、また、鉱業の発展に伴う鉱業権の公示制度の整備の必要性など、鉱業条令をめぐる積極・消極両面にわたっての不備も見られるようになってきた。そこで、基本的には鉱業条令と同様に鉱業自由主義に立脚しつつ、つまりプロイセン鉱業法を参照しながらこれらの不備を解決しようとしたのが明治三八年三月八日に公布された旧鉱業法（法律第四号）である。(8)成立当時の旧鉱業法の主な内容は第一章の総則、第二章の鉱業権、第三章の土地使用、第四章の鉱業警察、第五章の鉱夫、第六章の鉱業税、第七章の訴願・訴訟及裁決、第八章の罰則からなっている。そのほか主な附属法令として、鉱業法施行細則（明治三八年農商務省令第一七号）、鉱業登録令（明治三八年勅令第一八三号）、鉱業抵当法（明治三八年法律五五号）などがある。しかし、この鉱業法のもとにおいても鉱害賠償規定を設けなかったことは、鉱業条令の場合と同様である。この点について、旧鉱業法の成立の段階では、前述の足尾鉱山鉱毒事件をはじめとし、別子銅山煙害事件もあり、さらに筑豊炭田などにおいては、ようやく石炭鉱害が拡大する時期に至っていたわけである。それだけに、旧鉱業法の成立過程では鉱害賠償は、一つの重要な立法課題であったわけであり、したがってまた、その点を考慮しようとしない旧鉱業法の立場については、関係者より幾度となく疑問が提出されたほどである。しかし、政府立法委員は、鉱害賠償規定を設けることの技術的困難を指摘し、かつ予防面における充分の施策がなされているという答弁をもって、これに応じ、結局、旧鉱業法の成立下においても鉱害賠償規定の実現を見ることはできなかったわけである(9)。そして、その解決については、それから約三〇年後の昭和一四年の旧鉱業法の一部改正による鉱害賠償制度の成立を待たなければならないのであるが、当時、鉱業損害は、すでに、かなりな程度に拡大し、また、整備された鉱害賠償制度をもつプロイセン鉱業法を直接の母法としながら、鉱業条令のみならず旧鉱業法までもが、賠償規定を考慮しなかったということは、結局、その点に、明治鉱業立法の一つの基本的な特徴が示されているようにも思われる(10)。

二　以上述べるように、すくなくとも旧鉱業法の成立の段階では、現実に問題をかかえつつも、鉱害賠償については、なんら特別の措置は行われなかったわけである。その結果、鉱害賠償は、どのような運命に置かれたかといえば、結局、法制度上は、過失責任を原則とする民法第七〇九条以下の各不法行為規定によって解決されることとなったわけである。しかし、過失責任を原則とする民法の不法行為規定によって鉱害賠償の妥当な解決の得られないことは、あまり多くの説明を要しないところであろう。第一章で検討したような適法行為に基づく損害としての鉱業損害、あるいは不可避的、継続的、因果関係不確定的な損害としての鉱業損害、このような諸特徴を有する鉱業損害に直面して、伝統的な過失責任を原則とする不法行為制度が、結果において、どのような機能を果すかは、あまりにも明白な事柄だからである。つまり、鉱業損害に直面して、過失責任を原則とする不法行為制度は、結局、鉱業によって利益の帰するところと、不利益の帰するところを分離するという結果を実現するところとなったからである。

(1)　判例の立場　　ところで、このような事態に直面しての前述のフランス、イギリス、ドイツの各判例の態度は、根拠はともかくとして結果責任としての鉱害賠償責任を実現するという、きわめて適切・妥当な方法を採用するに至ったことは、すでに述べたとおりである。しかし、わが国の判例の態度は、これと比較して、必ずしも望ましいものといえるものではなかった。一、二の下級審の判決においては、むしろ過失責任としての鉱害賠償責任を認めたものもあったが、その立場も、その後、それ以上には発展しなかった[11]。のみならず、鉱業損害を含めて広く一般企業損害についての大審院判例の立場は、あまりにも民法第七〇九条に忠実であり過ぎたともいえるほどであった。そして、このことは、その後においても原則的には承認されるところである。たとえば、この点での適例は、大正五年一二月二二日の大審院判例である[12]。この事件の事実は、亜硫酸を製造し銅を製錬する化学工業の煙突から出た亜硫酸並びに硫酸ガスが附近の農作物に害を与えた事件であるが、第二審判決は、化学会社の結果責任を認めたのに対し、大審院は、「化学工業ニ従事スル会社其他ノ者カ其目的タル事業ニ因リテ生スルコトアルヘキ損害ヲ予防スルカ為メ右事業ノ性質ニ従ヒ相当ナル設備ヲ施シタル以上ハ偶々他人ニ損害ヲ被ラシメタルモ之ヲ以テ不法行為者トシテ其損害賠償ノ責ニ任セシムルコトヲ得サルモノトス」として第二審判決を破棄差戻をしたものである。そして、この判例の立場は、その後、なお維持されていることはもちろんである。(13) 以上のように鉱業損害に直面しての、わが国の判例の態度は、諸外国の場合と比較して、かなり対称的な存在であったわけであるが、それでは、学説においては、この問題はどのように取り扱われたのであろうか。

(2)　学説の立場　昭和一四年の鉱害賠償制度成立に至るまでの鉱害賠償責任をめぐる学説の立場は、大きくわけて、不法行為責任説と無過失責任説との二つに分類することができる。もちろん、両説は、基本において、その立論の根拠を異にしていることは当然であるが、鉱害賠償制度成立の過程における学説の役割という観点からいえば、前者の不法行為責任説は、民法第七〇九条の解釈論として不法行為としての鉱害賠償責任を認めようとしたのに対して、後者の無過失責任説は、そのことの理論上、ないし事実上の困難ということから、立法論として新たな鉱害賠償責任制度の採用を提唱したものといえる。

まず、不法行為責任説についていえば、わが国において、はじめて鉱害賠償についての不法行為責任を提唱されたのは塩田博士であるが、この点について同博士は次のように述べておられる。「鉱業権ト雖モ、特ニ優越シタル私権ニ非サルヲ以テ、其行使ニ当テハ企業者トシテ相当ノ注意ヲ加ヘ、土地所有者其他利害関係人ノ権利ヲ侵害セサルコトヲ要ス。若シ其権利ノ行使カ公ノ秩序又ハ善良ノ風俗ニ反スルニ至ルトキハ、我民法第七〇九条ニ依リ不法行為者トシテノ責任ヲ負ハサルヘカラス。例ヘハ坑道掘穿ノ場合ニ於テ、地表ノ陥落ヲ生スヘキ虞アルヲ予見シ得ルトキハ、土砂充塡法其他適当ノ方法ヲ講スルコトヲ要シ、坑道ノ掘穿ガ権利行為ナリトノ点ヨリ其穿掘ノ事後又ハ事前処置ニ付キ、適当ナル手段ヲ執ラサルトキハ過失ニ依リ他人ノ権利ヲ害シタリトノ非難ヲ免ルル能ハサルナリ。又地下ニ百尺ニ在リテハ法カ採掘ヲ許容スルモ、其地表、地心ノ地質、其他ノ関係ヲ講究スルトキハ、三百尺以下ニ於テナスニ非サレハ、地表ノ陥落ヲ生スヘキ場合ニ於テ、之ヲ顧慮セズ、敢テ冒スハ適当ナル権利ノ行使ト謂フヘカラザル如シ。要之現行法ノ解釈上鉱業権者ハ民法第七〇九条ニ依ルモ尚其責任ヲ生シ得ヘキ場合尠カラサル如シ」と。[14] そして、この立場は、多少の差異はあるが、さらに、その後、小野判事、[15] あるいは平田博士[16]の採用されたところである。これに対して無過失責任説はどうかといえば、特に鉱業損害のみを取り上げて、この立場から論じたものは比較的すくないし、また、立論の根拠も一様ではないから、その内容は必ずしも明白ではないが、ほぼ次のようにいいうるであろう。すなわち、その一つは、鉱業損害（又は類似の企業損害）は、いわば権利行使に基づく損害であるから違法性がなく、従って損害の違法性を前提とする不法行為責任は妥当ではない。[17] その二は、かりに違法性の存在を認めうるとしても、鉱業損害（又は類似の企業損害）においては損害防止の手段が尽されているのが通常であるから故意・過失が存在しないし、また、実際においても、その立証は困難である。したがって、過失責任を原則とする不法行為責任は、これまた妥当でないということであろう。[16] したがってまた、新たな賠償責任としての、つまり無過失責任としての鉱害賠償責任が提唱されることとなるわけである。以上が、鉱害賠償制度が成立するまでの学説の大きな流れであるが、しかし、これらの学説が現実の鉱害賠償処理にとって、どれだけ有用であったかは、興味深い問題である。前者の不法行為責任説が、きわめて現実的でありながら、結局、実を結ぶまでに至らなかったことは、前述の判例に示されるとおりである。また、後者の無過失責任説にしても、結果においては、その立場が採用されることとなったものの、しかし、それに至るまでには、約三〇年という長い年月を経過しなければならなかったからである。しかも、その上、結果的に見れば、後者の存在が前者の立場の判例理論への展開を、ある意味では阻害した一つの原因のようにも見られることは、両説とも、ともに現実の鉱業損害の早急な解決を意図するものであっただけに皮肉な現象だったといえるであろう。

三　以上、鉱業損害の拡大に対する、鉱業関係法、ないし民法の立場、および、それをめぐる判例・学説の在り方を考察したわけである。そして、そこで明らかにされたことは、結局、鉱業損害は、その解決において、すくなくとも以上考察されたような段階では、国家法上、なんら適切な手段を持ち得なかったということである。しかし、国家法上、なんら適切な手段を持ち得なかったというに比しては、鉱業損害の実態は、あまりにも過激に過ぎることは、第一章に見られるとおりである。では、この矛盾は、どのように解決されたのであろうか。それは、事実としての鉱害賠償法、つまり生ける法としての鉱害賠償慣行によってであった。すなわち、鉱業損害をめぐる国家法上の不備は、その不備を、いくらかでも解決すべく、各種の名称で呼ばれ、また、各地各様の、さまざまな鉱害賠償慣行を現出させるに至るのである。その意味では、わが国の鉱害賠償は、その制度に先立って、まず、慣行によって支配されたといってよいであろう。この点は、制度下の今日でも事情は同様であり、鉱害賠償については、現在でも多くの慣行によって支配されるところとなっている（第四章参照）。もちろん、その意味するところは異なり、制度以前の慣行は、制度にとってかわる存在であるのに対して今日の慣行は、制度の不備を補う存在だといってよいであろう。

鉱業損害の事実上の解決としての賠償慣行については、第四章において、あらためて取り上げるので、ここでは、その概略を述べることにしたい。

(1)　開坑契約に基づく賠償慣行　賠償慣行をめぐって、比較的はやくから成立したのは、いわゆる開坑契約に基づく賠償慣行である。すなわち、鉱業権者のなかには、坑口開設に際して地元住民から開坑の承認を得、かつ以後の協力をうるために、将来地元民に対して被害を与えるようなことがある場合には、これを賠償すべき旨の契約を締結することがすくなくなかった。試みに次にその一例を示そう。

契約書

遠賀郡香月村大字香月地主人民と香月炭鉱鉱業人某とは石炭採掘事業に付左記の各項を契約す

第一条　香月村大字香月地主人民は本契約の範囲に於て土地使用・耕地・宅地等の払下及び石炭採掘の承諾を為す事但第七条の場合は別途鉱業人より出金するものとする

第二条　鉱業人某は前第一条の承諾を受けたる名義として左の金額を地主人民に相渡すものとす

一金四千円也

内訳
一金壱千円也是は契約成立の時
一金壱千円也是は堅坑着炭の時
一金千五百円也是は堅坑着炭の時より向ふ一二ケ月目の時
一金五百円也是は溜池新築或は修繕費として備置き工業着手の時
第三条　既往採炭なしたる場所と雖も本鉱業の為め地面に変動を来したるときは鉱業人に於て引受け相当仕戻をなすは勿論若し地質復旧せざる為耕作物に影響したる時は素とより収穫に相当する損害補償を為す事
但し原地質に復したる時は此の限りにあらず
第四条　本事業の為建物に変動を来したる時は復旧修繕をなすは無論たりと雖地面に於て尚変動を来す恐ある時は相当宅地を選定し移転の手続を為す事、尤も移転の為め消費する経費は鉱業人が負担すること
第五条　本事業の為の飲料水の欠乏を来したる時は鉱業人に於て便宜方法を設け差支なき様致す事、尤も水質等は善良なる者を選択すること
第六条　道路用水路を使用する為公衆の差支を生ずる時は別途設置し其費用は鉱業人の負担たる事
第七条　鉱業用に使用する土地は左の割合を以て何れの地と雖も鉱業人の請求に応じ売渡すこと
一、一等田より五等田までは地価金七割増
一、六等田より拾壱等田までは地価金五割増

一、畑壱反歩に付金五拾円也
一、宅地壱反歩に付金百弐拾五円也
一、山林、原野、雑種地壱反歩に付参拾円
第八条　一時鉱業用に使用する土地は該小作米の割合を以て貸借を為し現在作付物には収穫相当を補償する事、尤も地質変じたる時は第三条の例に依る
第九条　本鉱業の為め用水に欠乏を生じたるときは鉱業人に於て第二条五項の外新溜池を設置し被害なき様致す事
第拾条　村営用水路、道路等の修繕費として鉱業中に限り年々金壱百円を毎年拾円弐拾五日限り村長に相渡すものとす　但し鉱業用の為別途設置したるものは是を除く
第拾壱―拾参条（省略）
明治弐拾八年五月七日

右の契約内容からも理解できるように、この契約に基づき、もし鉱業損害が発生するならば、鉱業権者は被害者に賠償をすることとなるのである[19]。

ところで、この種の契約、ないし賠償慣行は、土地所有権が、鉱業権に対して比較的優位な立場にあった時代、つまり法制上も、そのことを許容していた明治初年から二〇年代において、しばしば見られたところのものである。すなわち、土地所有権が鉱業権よりも優位にある過程では、この種の契約の

介在なくしては鉱業は、その必要とする事業用土地を入手することは困難であったからである。その意味では、開坑契約慣行は、将来の損害の賠償というよりも、むしろ実質的には、事業用土地の入手に本質的な意味があったといえる。したがって、鉱業条令や旧鉱業法を通じて土地所有権に対する鉱業権の地位が強固になってくるにつれて、この種の契約慣行は、じょじょにすたれてゆくわけである。そして、開坑契約に見られる将来の損害の賠償という側面は、それ自体独立した一つの賠償慣行となり、後の予定賠償慣行へと移行し発展してゆくのである。

(2)　各種の鉱害賠償慣行　以上に述べる慣行が、実質的には鉱業権者の事業用土地入手のためのものであり、また、将来の損害の賠償であったが、この慣行が、だんだんすたれてゆくに従い、それにとって代るのが、鉱害賠償本来の、その意味では賠償のための慣行ともいえる各種の鉱害賠償慣行である。その内容、ないし発展については第四章に詳述するところであるが、すなわち、年々賠償、打切(予定)賠償、買収補償、引受田補償、復旧補償などの名で呼ばれる各賠償慣行が、これにほかならない。[20] このような、いわば賠償のための各鉱害賠償慣行が成立しだすのは、ほぼ明治末期、大正初期からだといえるが、当初は、一部落、ないし一ケ村程度であったものが、だんだん発展し、次第に全被害地域に広がってゆき、鉱害賠償制度の成立する段階では、かなりな範囲にまで及んでいたといわれる。[22] その意味では、わが国の鉱害賠償制度は、このような賠償慣行の国家的承認にほかならなかったともいえる。ドイツの鉱害賠償制度が判例に出発していたことと比較して、きわめて興味深い点である。もちろん、このような賠償慣行の成立、ないし発展は、加害者、被害者間の賠償をめぐる、長い間の、そして厳しい抗争を介在しなくてはありえなかった。祖先伝来の土地や家を侵害された被害者の、強い賠償の要求、過失責任を原則とする不法行為制度という有利な地位に立っての加害者の賠償拒否、それらは、しばしば鉱害地における社会紛争の原因となったほどである。そして、このような抗争のなかから、一つの新らしい事実としての賠償秩序が形成されていった。それが、これらの各賠償慣行であったわけである。(23) しかも、そこに形成された事実としての賠償秩序は、各慣行に見られるように内容は異るが、いずれも損害の発生事実だけでもって賠償が認められるという、つまり結果責任的な賠償である点で基本的に共通していることは、特に注目されねばならないことである。

四　鉱業損害に直面して、過失責任を原則とする不法行為制度は、結局、事実上の解決として各種の賠償慣行、しかも企業者の結果責任的な賠償慣行を形成させ、かつ発展させるのであるが、しかし、これらの賠償慣行は、あくまでも、そのよって立つ特定社会についてだけ妥当する社会的規範ではあっても、けっして全社会を秩序づけ、また全社会に妥当する規範ではあり得なかった。(24) 賠償慣行の存在する鉱害地もあれば、そうでない鉱害地もあった。

かりに賠償慣行が存在する場合にも、その賠償慣行は、他鉱害地の賠償慣行それ自体ではなかった。つまり、事実としての鉱害賠償秩序には、やはり、それなりの限界があるわけである。そのことは、結局、失なわれた被害者の財産的利益の回復という観点からすれば、決して望ましいことでないことは当然であった。事実としての賠償慣行に基づく賠償の不完全について、当時の鉱害調査報告書は、次のような場合をあげている。(25)

「第一は被害が軽微な為炭鉱側が相手にせず全然補償を為さぬ場合である。蓋し被害の補償は炭坑が被害の事実を確認したときに始めて成立するものであるから、炭坑としては成る可く補償を避ける為めに軽微な被害は極力之を無視せんと努めるのである。然し乍ら一年分の被害は軽微でも、毎年此の状態を繰り返せば其の被害の積算額は莫大となるのであるから農民の受ける不利益は莫大となるのである。

第二は炭鉱が小資本又は経営不振等を理由として補償を為さぬ場合である。此の種の場合には被害農民は多くは事態をあきらめ泣寝入に終るのであるが、之とても炭鉱が事業を経営する限り、全然支払能力がない訳ではないのであって、要するに法律上の強制がないことが炭鉱をして斯かる態度を採らしむる原因であると云はなければならぬ。

第三は附近の炭坑の影響に因り地下水の異変に基いて耕地が陥落した場合である。此の場合には関係炭坑は何れも其の地下で採炭しておらぬことを理由として絶対に責任を回避するのである。

第四は陥落地の地下に二個又は二個以上の鉱区があり、それが別々の鉱業権者に依て採掘されて居る為、被害農民は、何れの炭鉱に請求しても相手にされず、結局、全然補償をもらえぬという所謂重複鉱区の場合である。

第五は鉱業権者が自ら炭鉱を経営せず之を他人に賃貸して採掘せしめる斤先掘の場合である。

第六は或鉱区と隣接鉱区との両作業の結果として被害が発生したと認められる場合で、此の種の場合には両鉱業権者共言を左右にして責任を回避するのである。

第七は鉱業権者が事業を中止し、炭坑が廃坑となった後に被害が発生した場合である。

第八は従来の鉱業権者が其の鉱業権を他に売却し、新しい鉱業権者は今迄の被害に対しては責任を負わぬと主張する場合である。」

この報告書の内容からも理解されるように、鉱害賠償の解決は、かくして、事実としての慣行から、さらにその慣行が国家法のなかに自らの地位を登場せしめることによって可能となってくるわけである。しかし、このことは賠償慣行の成立と同様に、いな、それ以上に、被害者を中心とする地元団体の努力と、長い年月を要することであった。鉱害賠償制度立法の要求は、すでに述べるように、足尾・別子鉱害事件を契機として、明治二〇年代に見られるところであるが、金属鉱害の終息とともに、そのバトンは、やがて拡大に至る石炭鉱害の被害者へと渡されていった(26)。わけても、わが国最大の鉱害量をかかえていた福岡県は、その代表選手であったといえよう。すなわち、大正八年三月の福岡県下関係町村農会長による鉱害賠償制度の立法化についての農商務大臣に対する陳情をかわきりに、翌大正九年には県農会長、および関係郡農会長による農商務大臣に対する陳情、大正一二年には福岡県農会長より貴衆両院議長に対する陳情、昭和二年には、関係郡市農会長上り内閣総理大臣および、関係諸大臣に対する陳情、昭和四年には、関係郡市町村農会長および市町村長による内閣総理大臣、および関係大臣への陳情が、それぞれ行われており、鉱害賠償制度の立法化は、まさに福岡県政の重要な課題たるの観があった(27)。

地元被害者を含めて、このような関係機関による長年月にわたる立法運動に対して、政府も、いつまでも、これを放置しておくわけにはゆかなかった。このような状況の中で、商工省は取あえず、同省、農林省、司法省および大蔵省の関係者からなる鉱害問題対策打合会を設け、鉱害賠償制度に関する研究を開始した。同会は昭和九年一一月に第一回の会議を開き、その後同一一年一一月に至るまで、総計一二回にわたって鉱害賠償につき討議研究を行なった。[28] しかし、その後商工省において、鉱害賠償制度を中心とした鉱業法改正の調査に関し、官制による調査委員会が設けられたため、この打合会は中止されるに至った。[29] やがて、第七一議会において鉱業法改正調査委員会の予算通過がみられ、昭和一二年一〇月一一日には勅令第五八七号をもって「鉱業法改正調査委員会官制」が公布され、また同日附を以て任命された委員二二名をもって、同月二五日には、第一回委員会が開催される運びとなった。その後同委員会では、昭和一三年一一月三〇日まで総計一八回の会議が開催され、その結果「鉱害賠償規定要綱」、および「鉱害調停規定要綱」の両要綱が作成されるに至った。[30] この要綱は、主としてプロイセン鉱業法の賠償規定を参照したものであるが、[31] この要綱に基づき、第七四帝国議会に鉱業法改正法律案が提案され、原案のまま通過し、[32] 昭和一四年三月二四日法律第二三号をもって公布され、ここに、はじめて鉱害賠償制度の成立を見るに至ったのである。すなわち、旧鉱業法の第五章鉱害賠償が、それにほかならない。

五　旧鉱業法の一部改正による、つまり昭和一四年の鉱害賠償制度は、第七四条ノ二に規定される鉱業権者の、いわゆる無過失責任規定を中心に、関係鉱業権者の連帯賠償責任（第七四条ノ三）、石炭鉱害に対する担保の供託（第七四条ノ四―第七四条ノ七）、賠償方法（第七四条ノ八）、過失相殺（第七四条ノ九）、鉱害賠償の予定（第七四条ノ一〇）、時効（第七四条ノ一二）、鉱害調停（第七四条ノ一二―第七四条ノ一四）の各規定から構成されている。そして、昭和二五年改正の現行法は、基本的には、昭和一四年の鉱害賠償制度を、そのまま承継したものである。[33]すなわち、現行法鉱業法における鉱害賠償も、旧鉱業法の第七四条の二に相当する第一〇九条を中心に、旧法上の各規定が殆んど、そのまま採用されている。ただ異なる点としては、鉱害賠償の予定について、その公示制度を設けたこと（第一一四条）、鉱害賠償に関する担保供託制度を石炭鉱害以外にも拡張したこと（第一一七条）、鉱害賠償についての一般的基準の作成公表を認めたこと（第一二二条）、鉱害賠償紛争の解決のために地方鉱業協議会（第一六五条）、および和解の仲介制度を設けたこと（第一二三条）、などの諸点である。

なお、おわりに重要な鉱害賠償の附属法令についていえば、鉱害復旧を目的とする特別鉱害復旧臨時措置法（昭和二五年法律第一七六号）、および臨時石炭鉱害復旧法（昭和二七年法律第二九五号）[34]、そして、さらに特殊関係法としての石炭鉱業合理化臨時措置法[35]（昭和三〇年法律第一五六号）があることは注目されねばならない。

（1）　わが国の鉱害賠償法史については、すでに石村善助・鉱業権の研究三九九頁以下に詳細な研究がある。
（2）　石村善助・前掲書八二頁参照。
（3）　ここでBergregalといっているのは、国が鉱物について独占的な所有権、または採掘取得権を有する制度をいう（Gerhard Boldt, Stoat und Bergbau, S. 4.）。
（4）　ここでBergbaufreiheitといっているのは、未掘採物の利用について、国が特別の権能を有するものでなく、国も私人も同一立場において鉱業権者となる制度をいう（Gerhard Boldt, a. a. O. S. 5.）。
（5）　平田慶吉・鉱業法要義五頁参照。
（6）　石村善助・前掲書一七〇頁参照。

（7）鉱山懇話会編・日本鉱業発達史五頁以下参照。
（8）平田慶吉・前掲書八頁、石村善助・前掲書一九五頁以下各参照。
（9）石村善助・前掲書二〇四頁参照。
（10）この点について、平田慶吉・前掲書二六五頁は「その真意は恐らくはかかる賠償規定を置くことは鉱業権者の法律上の責任を明らかにすることになり、その結果鉱業権者の不利益を招き、延いてわが国の鉱業の発達を阻害するに至るべきものと考えたがためであると想像するの他ない」としている。
（11）福岡地裁民判大正三年(ワ)第九六号損害賠償請求事件、同大正一〇年(ワ)第四五六号事件は、いずれも不法行為としての鉱害賠償責任を認めた（小野謙次郎「土地陥落に因る鉱業権者の賠償責任」司法研究第五輯一〇五頁以下参照）。
（12）大判大正五年一二月二二日民録二二輯二四七四頁。もっとも本事件の差戻後における原審判決である大阪控判大正八年一二月二七日法律新聞一六五九号一一頁は、大審院の立場に立ちながらも、適当な方法を尽さなかったから過失があるものとし、会社の賠償責任を認めたことは注目してよいであろう。なお、この判例については、鳩山秀夫「工業経営ニ基ク損害ノ賠償責任」法協三五巻八号一〇二頁に批評がある。この判例の立場はその後も維持されているが、ただ、判例のなかには故意・過失を推定するという仕組において、この原則を修正しようとしているものもある。たとえば大判大正九年四月八日民録二六輯四八二頁。
（13）この立場が維持されるの結果、一般的にいって、判例のいう過失概念は、きわめて広範なものとなっている。たとえば大判大正八年二月七日民録二五輯一七九頁、大判大正一二年一〇月二二日刑集二巻七三八頁など。
（14）塩田環・鉱業法原理　四〇八頁参照。なお同「鉱業権者ノ土地所有者ニ対スル賠償義務ヲ論ス」法協四二巻六号一〇頁以下参照。
（15）小野謙次郎・前掲論文四五頁。
（16）平田慶吉・鉱害賠償責任論一一二頁以下。
（17）末弘厳太郎「適法行為による不法行為」民法雑記帳三二四頁以下。

(18) 末弘厳太郎・前掲論文三二七頁、石坂音四郎・民法研究（一）六二一頁、水谷嘉吉・日本鉱業法三四八頁など。
(19) 農林省農務局・福岡県に於ける炭鉱業に因る被害の実状調査一一七〇頁以下参照。
(20) これらの慣行については、終戦前のものとしては、農林省農地局・前掲書がもっとも詳細であり、戦後のものとしては福岡県・福岡県鉱害問題調査報告第一―一〇号が詳しい。
(21) 農林省農地局・前掲書八一頁以下参照。
(22) 福岡県鉱害対策連絡協議会編・石炭と鉱害一一七頁以下参照。
(23) これらの慣行の成立をめぐる抗争については本書第四章第一節に詳細に取り上げている。
(24) 鉱害賠償制度の成立にあたり、当時の政府委員による提案理由の一つは、この点にあった。福岡県鉱害対策連絡協議会編・前掲書一一七頁以下。
(25) 沢村康・福岡県の炭鉱被害問題概観二四頁以下参照。
(26) 石村善助・前掲書四〇七頁以下参照。
(27) 沢村康・前掲書二五頁、福岡県鉱害対策連絡協議会編・前掲書一二五頁以下各参照。
(28) 石村善助・前掲書五二二頁。
(29) 政府をして賠償制度の制定を最終的に決意せしめたのは、昭和一一年一一月二〇日突如として発生した尾去沢鉱山の鉱害事件のためだとしている（石村善助・前掲書五二二頁）。
(30) 我妻栄・豊島陞・鉱業法（法律学全集）二七八頁参照。
(31) 平田慶吉・鉱害賠償規定解説一〇頁以下参照。
(32) 我妻栄・豊島陞・前掲書二七八頁参照。
(33) 我妻栄「鉱業法改正案における私法問題」私法五号八〇頁以下参照。
(34) これらの特別法については、福岡県鉱害対策協議会・特別鉱害復旧臨時措置法案の審議経過とこれが運動の概要二頁、同・臨時石炭鉱害復旧法制定までの経過について三頁以下各参照。

(35) これについては、柳春生「石炭鉱業合理化臨時措置法」(1)、清水金二郎・河野広「石炭鉱業合理化臨時措置法」(2)(いずれも産業労働研究所報一一号)五六頁以下参照。

第三節 要 約

一 以上の考察によって明らかにされたことは、特に、わが国の場合についていえば、第一章で検討されたような諸特徴を有する鉱業損害に直面して、過失責任を原則とする不法行為制度は、結果において鉱業による利益の帰するところと、不利益の帰するところを分離するということにはなっても、それによっては鉱害の賠償は解決しえず、結局、その解決は鉱害賠償制度の成立によって、ようやく可能になったということである。しかも、このことは、たんに、わが国においてばかりでなく、ドイツの場合もそうであったし、さらにフランス、イギリスの場合にも判例法に基づくという差異はあっても、実質的には同じことがいえそうである。そこで、以上のことは、さらに角度を変えて見れば次のようにもいうことができるであろう。すなわち、鉱害賠償制度を成立せしめる法律的要因は、結局、諸特徴を有する鉱業損害に直面しての、過失責任を原則とする不法行為制度の不備にあり、より厳密には、諸特徴を有する鉱業損害に直面して、過失責任を原則とする不法行為制度の不備を、不備として法的判断せしめる失なわれた被害者の権利保護に求められるということである。そして、このような法律的要因こそが、わが国の場合であると、生ける法としての鉱害賠償慣行をうみだし、立法運動を展開せしめ、鉱害賠償制度を成立させるに至ったのである。その意味では、現行の鉱害賠償制度は、このような法律的要因を、現実に実現させるための手段であり、道具となるわけでもある。

二　以上のように、鉱害賠償制度の、したがってまた鉱害賠償責任の成立についての法律的要因が、諸特徴を有する鉱業損害に直面しての、失なわれた被害者の権利保護に求められるとき、次には、さらに、では、このような鉱害賠償責任成立の法律的要因は、具体的には、どのような特殊法律関係を、みずからを実現するための手段として採用したかの考察が試みられねばならない。そして、その考察が、具体的鉱害賠償責任をめぐる以下の第三章、第四章、第五章の各考察にほかならないわけである。

第三章　鉱害賠償責任の構造的特徴

「はしがき」にも述べるように第三章は、鉱害賠償責任の実体的な法理論を理解せしめる、つまり具体的鉱害賠償責任という観点にたっての特に、その成立面における主要な法律問題の具体的・個別的検討である。そして、第一章、第二章との関係においていえば、第一章で考察されたような諸特徴を有する鉱業損害に直面して、第二章で明らかにされたような法律的要因は、それを実現する道具として、どのような特殊法律関係のなかに自己を貫徹しようとしたかの第一の具体的考察の場にほかならない。では、具体的な鉱害賠償責任の成立についての主要な法律問題がどこにあるかといえば、すでに指摘したように、それは、従来の学説が取り上げているように、ただ、鉱害賠償責任の無過失性という主観的側面のみにあるのではなく、さらに、そして、むしろ積極的には違法性、ないし因果関係という客観的側面に存在するということである。なぜかといえば、従来の学説が指摘するように鉱害賠償責任が無過失責任とされればされるほど、その場合の賠償責任は、もっぱら違法性、ないし因果関係という客観的側面を充足することによってのみ成立せしめられることとなるからである。そこで、この点を考慮しつつ具体的鉱害賠償責任の成立についての基本的な法律問題を考察したのが本章第一節の「鉱害賠償責任の無過失性と、鉱業損害の範囲」、および第二節の「鉱害賠償責任と因果関係」である。

第一節　鉱害賠償責任の無過失性と鉱業損害の範囲

第一項　序説

具体的な鉱害賠償責任の成立をめぐって、第一に問題となることは、鉱害賠償責任の無過失性ということもさることながら、鉱害賠償責任は、どのような種類の鉱業損害について成立するのかということである。すなわち、現行鉱業法第一〇九条は、「鉱物の掘採のための土地の掘さく、坑水若しくは廃水の放流、捨石若しくは鉱さいのたい積又は鉱煙の排出によって他人に損害を与えたとき」は、当該関係鉱業権者・租鉱権者が、結果責任[1]を負うことを規定している。そこで、この結果責任の意味をどのように理解するかはともかくとして、すくなくとも、そのことが前提とされるかぎり、具体的な鉱害賠償責任の成立をめぐる主要な法律問題は、まず、鉱害賠償責任は、どのような種類の鉱業損害に対して成立するかということになる[2]。しかも、一般に鉱業をめぐって生ずるところの損害が、いわば、われわれの日常生活において見られるような態様の損害をも含めて、きわめて広範囲にわたっていることは、第一章に見られるとおりである。その結果、同じ鉱業から発生する損害をめぐって、第一〇九条に規定する行為によって生ずる損害と、それ以外の鉱業上の損害との関係、特に第一〇九条の行為と類似する行為によって生じた損害、たとえば露天掘、鉱区外の補助坑道掘進、石油井における油の流出、探鉱のためのボーリングなどによる損害などの取り扱いが、賠償理論の上からも、したがってまた法解釈の上からも重要な課題として提起されることとなるのである。従来、この点についての学説の態度は、きわめて不明確であったし、したがって、類似行為によって生じた損害の取り扱いも、かなり、まちまちとなっていたことは否定されない(3)。本節では、この問題が、鉱害賠償責任の無過失性とも関係するものと考えるところから、その点についても異論のすくなくない従来の学説を批判・検討しながら、鉱害賠償責任の無過失性ということとあわせて、その対象となる鉱業損害の意味、ないし範囲を検討することとしたい。

（1）　たとえば、末川博・民法上三〇三頁、末弘厳太郎・民法雑記帳一九八頁、我妻栄・事務管理・不当利得・不法行為（新法学全集第一〇巻民法Ⅳ）九九頁、戒能通孝・債権各論四二八頁、山中康雄・民法総則講義八六頁、来栖三郎・債権各論二四三頁などは、この意味を無過失責任だと解し、また、その意味において不法行為論上高く評価される。

（2）　舟橋諄一・農地鉱害賠償の法学的研究二頁、我妻栄「鉱業法改正における私法問題」（私法第五号）八二頁、伊藤律男「鉱害賠償の私法的考察」（法文論集第六号）四頁、吉岡卯一郎「鉱害賠償規定の具体性」（私法第一一号）五五頁など、いずれも各種の問題提起が試みられている。

（3）　従来、第一〇九条第一項に規定される鉱業損害（鉱害）の範囲については、特に同規定の鉱業損害と類似する損害の取り扱いをめぐって異論が多い。そして、一般には第一〇九条第一項の鉱業損害を制限的に解釈する方が多いといえるわけであるが（美濃部達吉・日本鉱業法原理二五〇頁、芹川正之・新鉱業法精義二一六頁、江川六兵衛・改正鉱業法解説三二一頁など）、しかし、反面には例示的に解釈する立場もあって（平田慶吉・鉱業法要義四五一頁以下、加藤悌次・上村福蔵・小林健夫・鉱業関係法二二〇頁以下など）、しかも、同じ制限的、例示的に解釈する学説においても必ずしも同様ではなく、また、特にその理由とする点は、いずれの学説をとわず不明確といってよい。

第二項　過失・無過失責任説の対立

一　鉱業法第一〇九条第一項は、「鉱物の掘採のための土地の掘さく、坑水若しくは廃水の放流、捨石若しくは鉱さいのたい積又は鉱煙の排出によって他人に損害を与えたときは、損害の発生の時における当該鉱区の鉱業権者（当該鉱区に租鉱権が設定されているときは、その租鉱区については、当該租鉱権者）が、損害の発生の時既に鉱業権が消滅しているときは、鉱業権の消滅の時における当該鉱区の鉱業権者（鉱業権の消滅の時に当該鉱業権に租鉱権が設定されていたときは、その租鉱区については、当該租鉱権者）が、その損害を賠償する責に任ずる」と規定している。この規定は、旧鉱業法の第七四条ノ二第一項に相当するものであって、その規定内容からも理解されるように、同規定は、「鉱物の掘採のための土地の掘さく、坑水若しくは廃水の放流、捨石若しくは鉱さいのたい積又は鉱煙の排出」によって他人に損害を与えたときは、関係鉱業権者・租鉱権者に、なんら故意・過失を要件とせずして賠償責任の成立を認めているのである。

そこで、一般に第一〇九条の鉱業権者・租鉱権者の鉱害賠償責任は、同条第二項以下の隣接鉱区などにおける連帯賠償責任とともに、いわゆる企業者の無過失損害賠償責任と解するのである。[1]また、この意味において鉱害賠償責任が民法の不法行為の解釈においても注目されていることは、すでに述べたとおりである。しかし、このように、通常、鉱害賠償責任が企業者のいわゆる無過失責任と解されてはいるものの、それが、いかなる理由に基づいて無過失責任となるかについては、従来、この立場から、特に鉱害賠償責任を取りあげて論じた学説はあまりないので、必ずしも明白とは言えないのである。あるいは、プロイセン鉱業法、ザクセン鉱業法などの関係規定の解釈[2]から、大部分は企業者の危険責任（Gefäahrdungschaftung）と考えているものと言うことができるのであろうが、しかし、プロイセン鉱業法やザクセン鉱業法の賠償規定と異なって、損害原因行為を個別化している鉱業法の場合、ただ一般的に企業者の危険責任とするのみでは、なお、じゅうぶんとは言えないわけでもあって、したがって、以上のように、無過失責任説における根拠のあいまいさは、結局、第一〇九条の解釈を不明確ならしめ、さらには、本節の問題の提起ともなるわけであるが、直接には、次に述べるような不法行為説[3]、ないし過失責任説にたっての鉱害賠償責任を認めることとなるのである。

二　一般に鉱害賠償責任が無過失責任とされるのに対して、過失責任としての鉱害賠償責任を主張せんとする立場の根拠は、つまり鉱業損害――ここで鉱業損害とは第一〇九条第一項の損害の意味で以下も同様――が、地下鉱物の掘採を主目的とする鉱業の、いわば不可避的な損害であり、また、そのことは企業者にとって予見可能なことでもあるから、したがって、鉱業損害においては、企業者の故意・過失の不存在ということはあり得ないとする点にあると言えよう。そして、かかる立場が、従来、少数ではあるが、特に鉱害賠償責任を取りあげて論じた学説において、むしろ有力となっていることは注目されねばならない。たとえば、その代表とも考えられる平田博士(4)は過失責任としての鉱害賠償責任について次のように述べておられる。

一般に鉱害賠償責任が無過失責任とされる理由は、「一は鉱害（又は類似の企業被害）を発生せしめる行為は適法行為なるが故に過失なしとするものであり、他は鉱害（又は類似の企業被害）に於て損害防止の手段を尽す以上は過失なしとするものである。第一説の適法行為なるが故に過失なしとは、過失を以て違法の意に解するものであるが、しかしかく過失を違法と同視することは過失を普通の用語に於ける意味に解するに止まり、これを法律上の正当の意味に解するものではない。いうまでもなく、過失は結果認識に関する主観的事項たるに反し、違法は法規違反なる客観的事項であって、法律上両者は全然別個の観念に属する。畢竟この説は鉱害を発生せしめる行為は適法行為なるが故に違法にあらずという同義反覆以外には何ものをも示すものではない。次に第二説の損害防止の手段を尽す以上は過失なしとは、かかる手段を尽すときは違法なしの意なるならば、この説は過失と違法とを同視することとなり、その不当なるは上述したところである。或は本説は損害防止の手段を尽すときは加害者は損害の発生を容認せず、又は希望せざるが故、故意なしの意なるならば、既述の如く鉱害に付ては容認説論者、希望説論者共に故意の存することを認めているから、重ねて本説は不当といわねばならぬ」とされるのである。したがって、この立場は、結局、鉱害賠償責任を企業者の過失責任と解することになることはもちろんであるが、その結果、鉱業法第一〇九条第一項（ないし旧鉱業法第七四条ノ二第一項）が、なんら鉱業権者・租鉱権者の故意・過失を規定していないのは、「賠償義務者の故意過失を立証せしめる煩を避けるため、かかる無過失責任の形式を採ったに過ぎないものと解する」[5]こととなるのである。

（1）　たとえば、我妻栄「鉱業法改正案における私法問題」（私法第五号）八二頁、戒能・前掲書四二八頁、山中・前掲書八六頁、来栖・前掲書二四三頁、芹川・前掲書二一五頁、江川・前掲書三二〇頁、などは、いずれも鉱害賠償責任が企業者の無過失責任であること指摘されるのであるが、それが、いかなる理由によって無過失責任となるかについては、なんら触れるところがないのである。したがって、鉱害賠償責任が、理論として無過失責任となすべきや否やは疑問とされることにもなるのである（我妻栄・事務管理・不当利得・不法行為（新法学全集第一〇巻民法Ⅳ）九九頁）。

（2）　本書第二章参照。なお、ドイツでは、鉱害賠償責任を企業者の危険責任と解するのが通説といえよう（R. Müller-Erzbach, Gefährdungshaftung und Gefahrtragung, S. 258f.; H. Isay u. R. Iaay, Allgemeines Berggesetz für die Preussischen Staaten, Bd. 11, S. 61）そして、この点について、Müller-Erzbach は、プロイセン鉱業法などの鉱害賠償制度は、鉱業権者の危険責任を認めた一八三九年三月一六日のプロイセン最高法院、および、その後の判例の法律的表現だとしている（R. Müller-Erzbach, a. a. O. S. 270）。なお、G. W. Heineman, Der Bergschaden auf der Grundlage des Preussischen Rechts. S. 20f. 参照。しかし、プロイセン鉱業法第一四八条、ザクセン鉱業法第三五五条などは、鉱業法第一〇九条と異なって、鉱業上の作業による一切の損害（allen Schaden）と規定していることは注目されねばならない。

（3）　平田慶吉・鉱害賠償責任論一〇九頁以下、同・鉱業法要義三一七頁以下、美濃部達吉・日本鉱業法原理　二五二頁、小野・前掲四五頁。なお、吉岡・前掲四八頁、および伊藤・前掲五頁は、やはり不法行為説を採用されるものと言うべきであろうか。

（4）　平田慶吉・鉱害賠償責任論一一二頁以下参照。

（5）　平田慶吉・鉱業法要義四五八頁、同「鉱害賠償規定解説」（民商法雑誌第九巻五号）九頁、同「鉱害賠償規

定の制定」（法律時報第一一巻三号）九頁各参照。なお、この点について、美濃部・前掲書二五二頁は、「民法学者の多くは、右の改正法の規定を以って無過失損害賠償の責任を認めたものと為し、従来の民法の規定に依れば、全然賠償責任を負ふべき理由の無かったものが、改正法の規定に依り新に賠償責任を負ふべきものとなったものの如くに解して居るやうであるが、それは正当の理由ある見解とは信じ難い」とされ、昭和一四年の鉱害賠償制度の立法は、やはり、本質において不法行為責任に基づくものとしている。

第三項　従来の諸学説の検討

一　前項に述べたところから、従来、鉱害賠償責任（第一〇九条一項）については、無過失責任説、過失責任説の両説があること、そして、直接、鉱害賠償責任を取りあげて論じた学説においては、むしろ、過失責任説の方が有力であることなどが明らかにされた。そこで、ここで、いま少し過失責任説の根拠とする点に触れて見たいと思う。

さきにも一言したように、過失責任説の根拠とするところは、結局、鉱業損害においては、企業の性格から、そこに企業者の故意・過失なしとは言えないとする点であるが、たしかに、このことは地下鉱物の掘採を主目的とする鉱業の場合、以下述べるようにある程度肯定せざるをえないように思える。すなわち、従来、不法行為の解釈において、たとえば、危険を伴う特殊の技術を要する場合の損害については、かかる場合に危険防止の取締規定があれば、その取締規定に従わなければもちろんのこと、これに従っても必ずしも過失なしとは言えず、さらに、その業務の性質に照し危害を防止するため実験法則上必要な一切の注意をなさざる以上なお過失の責を免れぬとするのが、通説[1]の立場と言ってよい。したがって、このことを鉱業損害について言えば、鉱業損害においても、たんに損害防止の各取締規定（鉱山保安法第三条・第四条など）に従うのみならず、さらに業務の性質に照し損害防止のための実験法則上必要な一切の注意がなされた場合以外は、なお過失なしとは言えないこととなるのである。ところで、この点についての実際はどうであろうか。たとえば、損害発生の最も大きい石炭鉱業について言えば、そこでは、損害防止のための実験法則上必要な一切の注意がなされていないことはもちろんであるが、はなはだしきは損害防止のための取締規定すら実施しない企業者が多数存在するのである。そして、特に後者の点などは、これまでも被害者によって、しばしば指摘され、非難されているところである[2]。そして、この点について、さらに附言すれば、一般的に言って、鉱業損害においては、企業者が、損害防止の規定に従い、さらに損害防止の実験法則上必要な一切の注意、たとえば鉱物掘採後の地下の完全充塡などを実施するなら、かなりの程度において損害防止を可能ならしめることは、よく認識しているといってよいのである。しかし、同時に、企業者は、鉱物掘採後の地下の完全充塡などの、損害防止の実験法則上必要な一切の注意を尽すなら、私企業としての鉱業を否定することになるということもよく知っていると言わねばならないのである。つまり、鉱業損害においては、企業者は、その企業から生ずる損害に対して、かかる損害を、いかにすれば防止できるかの方法はよく知りながら、企業の維持のために、その防止方法が完全に尽されていないというのが実体であろう[3]。したがってまた、鉱業損害においては、私企業としての鉱業を前提とするかぎり、それは結果において、いわば結果発生防止の期待できない損害となるのであり、そして、鉱業損害が一般に、鉱業の不可避的損害とされる意味は、たんに技術的のみならず、このような鉱業の社会的・経済的理由をも考えて始めて妥当することとなるのである。そこで、鉱業損害が、以上のような意味において不可避的損害と言うことができるならば（第一章参照）、たとえば損害防止の規定のみならず、その業務に照し損害防止の実験法則上必要な一切の注意を尽さざる以上過失ありとする過失判断からは、鉱業損害においては、そこに企業者の過失が肯定されることはもちろんであるが、場合によっては、さらに故意の存在すら認めることができるのであって、したがってまた、そのかぎり、鉱害賠償責任を企業者の過失責任とする立場は、一応是認されねばならなくなるのである。

しかし、かように、その根拠については、一応是認しつつも、反面、過失責任説に対しては、次のような疑問を提出せざるを得ない。そして、その疑問とするところは、本節の意図するところと直接関係するところのものと言えよう。すなわち、一般に鉱業上の損害は、きわめて広範囲にわたるのであるが、それらの損害中、第一〇九条第一項が鉱業権者・租鉱権者に賠償義務を認めているのは、「土地の掘採のための土地の掘さく、坑水若しくは、廃水の放流、捨石若しくは鉱さいのたい積又は鉱煙の排出」によって生じた損害についてのみであった。そこで、疑問とされる点は、多くの鉱業上の損害中、なぜ、「鉱物の掘採のための土地の掘さく、坑水若しくは廃水の放流、捨石若しくは鉱さいのたい積又は鉱煙の排出」によって生じた損害についてのみ鉱業権者・租鉱権者に鉱業法上の賠償義務を認めたか、いいかえると、これらの損害に対してだけ故意・過失の立証を免除したかの理由である。かりに、その理由とするところを、かかる損害においては鉱業権者・租鉱権者の故意・過失の存在は当然のこととして、第一〇九条第一項が「賠償義務者の故意・過失を立証せしめる煩を避けるため、かかる無過失責任の形式を採ったに過ぎないもの」とするならば、それが責任の推定を意味するのであればともかく、たんに過失の推定に止まるものとすれば、それは、もちろん訴訟において加害者の反証提出の機会をも否定するものではありえないから、[4] 逆に鉱業権者・租鉱権者が故意・過失なかりしことを立証した場合の取り扱いは、いかになるかの点である。というのは、「鉱物の掘採のための土地の掘さく、坑水若しくは廃水の放流、捨石若しくは鉱さいのたい積又は鉱煙の排出」によって生ずる各種の損害中には、必ずしも鉱業権者・租鉱権者の故意・過失の存在が当然とはされない場合も考えられうるからである。そして、これらの疑問に対して過失責任説は、きわめて困難な問題を残していると言わねばならず、したがってまた、その結果第一〇九条の鉱業損害の解釈についても、やはり不明確ならざるをえないことは、前述の無過失責任説の場合と同様と言ってよい。

もちろん、以上の疑問に対して、その根拠とするところは不明であるが、無過失責任説からは、特に後者の点などについては容易に説明されるところであろう[5]。しかし、ただ、それのみでは、とうてい過失責任説を納得せしめることができないことは、すでに述べたとおりである。

二　以上に説明したところから、結局、従来の鉱害賠償責任をめぐる各学説は、すなわち、無過失責任説はその根拠において、過失責任説は結果において、それぞれ、いずれも満足すべきものでなく、したがってまた、これらの学説からは、本節の意図する問題の提起も、じゅうぶん解決されないことが理解されたわけである。

ところで、ここで、いま一度考えられることは、結果においてはともかく、その根拠とするところは一応是認される過失責任説が主張するような過失責任としての鉱害賠償責任の意味についてである。というのは、鉱業損害のように、損害防止の方法がかなりの程度可能にもかかわらず、私企業としての鉱業を前提とするかぎり、結果防止が期待されず、また、大部分その意味において不可避的なものとなる損害に対して、過失責任説がいうように、そこに予見の可能性ありとして構成される過失責任と、われわれの日常生活をめぐって生ずる損害に対して認められる過失責任とは、その事柄の性質において、かなり差異が存在するように考えられるからである。そして、かりに、その両者の間に差異が認められるとすれば、すくなくとも、過失責任説に対する前述の疑問は、後述のようにある程度解決されるようにも思えるからである。しかし、もちろん、ここで過失責任の本質について触れることは本節のよくできるところではない。したがって、さし当って、ここでは、過失責任について、かなり、その内容を適切に示しているものと考えられる独民法第二章案起草委員会の議事録を通じて、以下、両者の差異を簡単に検討してみたいと思う。

きわめて古いところの賠償が復讐であり、やがて、それが購金へと変化してゆくように、社会の発展とともに刑罰の思想を私法より駆逐したことは、人類の歴史的獲得でもあった[7]し、また、民事責任の目的が、よって生じた損害の塡補にあることは一般に承認されているところと言ってよいであろう[8]。しかし、にもかかわらず、近代市民法が、おしなべて過失責任を原則とした理由は、どこに求められるべきであろうか。この点について前述の独議事録(9)は次のように述べている。「損害賠償義務を過失から切離さんとする思想は現代の見解を表わすものであり、かつ草案の反対の立場よりもいっ層生活の必要にそうということは正当でない。ドイツ古法では損害に原因を与えた行為者の賠償義務を認めたという事案を挙げてそういう根拠とすることはできないであろう。何んとなれば損害の惹起と加重による責任との関連はドイツ法の国民的特色でなくて、過責概念（Schuldbegriff）が未だつくり上げられず、責に帰すべき事由ある加重と責に帰すべき事由なき加重との区別が未だ理解されていない低度の文化の段階の一切の法に見出される現象であるから。具体的な物の見方は損害を生ぜしめたという目にみえる事実を頼りにする。損害賠償義務は過失を要件とするとの原則の定立は実質的妥当根拠を欠かずして、より高次の文化発達の一結果であろう。それは個人がその個性を発展することの許される権利領域の限界づけにとって決定的意義を有する。その行為および不行為に当り相当の注意を用いざれば危険を生ずると認められる範囲でのみ他人の法律上保護された利益を尊重すればよい。他人にとっての危険性が注意深く吟味しても認知しえないような行為をなすことは許される。だからとて、その行為は他人の権利領域に有害な影響を及ぼすかも知れないが、被害者はこの影響を事変（Zufall）のごとくに甘受せねばならぬ。原則として草案の見地を棄ててさらに進めば、決して取引の発展に役立たずして恐らく個人の活動の自由が過度に制限されることになろう。ともかく学問上原因主義は法律の基礎にしうる程度に完成されてはいない。事情により、正義および衡平を顧慮して、個々の場合に過失主義をもって一貫することをよさねばならぬことのあるのは別問題である。草案は例外を知らなかったが当委員会は既にいくつかの場合に過失と無関係に損害賠償主義を定立した。そして恐らくその外にも例外を認容するであろう。しかし、それによってこの主義の正当さには影響がない」。すなわち、この独議事録の説明からすれば、近代市民法が過失責任を原則とした理由は、結局、過失責任が「個人がその個性を発展することの許される権利領域の限界づけにとって決定的意義を有する」点であって、つまり、「近代法が個人の自由活動を最高の理想となし、故意過失なき所に賠償責任を認むることは個人の自由活動を萎薇せしむると考えたからに他ならない」こととなるのである[10]。そして、このような過失責任の最もよく妥当する場合が、大部分「その行為および不行為に当り相当の注意を用いざれば生ずると認められる範囲」の損害――それ以外の損害は事変――についてであって、したがってまた、いわば損害予防、ないし訓戒などとしての過失責任を認める多くの学説の存在していることも言うまでもないところであろう[11]。

そこで、本来の過失責任（主義）が、以上のように損害の塡補以外に、むしろ個人の自由活動の限界づけとしての意味をもち、したがってまた、その最もよく妥当する場合が、相当の注意を用いざれば生ずるであろうと考えられる範囲の損害についてであることなどを認めようとする立場からすれば、前述の過失責任説がいうような過失責任としての鉱害賠償責任は、本来の過失責任とかなり違った意味をもつものと言わねばならなくなるのである。なぜかと言えば、鉱業損害のように、損害防止の方法がかなり可能にもかかわらず、企業の維持のため、その方法が完全に尽されず、したがって、いわば不可避的となる損害に対して、かりに、その賠償責任が過失責任だとしても、たとえば過失責任説みずからが言うように以上のような損害なるが故に被害者の故意・過失の立証責任を免除するとか、あるいは、さらに損害防止の規定に従うのみならず、その業務に照し損害を防止するため実験法則上必要な一切の注意としての過失判断とかを前提とすれば、結果として、その賠償責任は常に負わされることになるわけであって、したがって、結果において殆んど常にと言ってよいほど負わされることになる過失責任としての鉱害賠償責任の意味は、それは、文字通り損害の塡補に尽きることとなるからである。つまり、そこでの過失責任としての鉱害賠償責任の意味は、被害者の故意・過失の立証責任の免除とか、あるいは、損害防止の規定に従うのみならずその業務に照し損害を防止するため実験法則上必要な一切の注意としての過失判断とかを前提とするかぎり、それは、まさに過失責任の衣を着た無過失責任にほかならなくなるからである。そして、さらに、この点について言えば、鉱業損害のような意味での不可避的損害に対する被害者の故意・過失の立証責任の免除とか、取締規定に従うのみならず、その業務に照し損害を防止するため実験法則上必要な一切の注意としての過失判断とかは、それ自体すでに過失責任の衣をきた無過失責任の実現を意味するものと言っても過言ではなかろう[12]。すなわち、前者の立証責任の免除についてはもちろんのこと、後者のかかる過失判断についても、それは直接には加害者の過失の推定であるし、したがって、実質的には、いわゆる挙証責任の転換を可能ならしめているものだからである。そして過失責任を原則（民七〇九条）とする民法の解釈において、時に後者のような過失判断が有力に支持されていることも、以上のような意味においてであることは多言を要しないところであろう。

そこで、以上のような考察が許されるなら、結局、過失責任説が言うような過失責任としての鉱害賠償責任の意味は、それが、生じた損害に対して結果において常に賠償責任の成立を認めることになるものであってみれば、損害の塡補以外に、むしろ個人の自由活動の限界づけとしての意味を有する本来の過失責任とは異なって、もっぱら損害の塡補のみを意味するものと言わねばならないのである。と同時に、過失責任としての鉱害賠償責任のもつ意味が、このようなものとされるなら、さらに次のような疑問の提起が正当視されることとなろう。すなわち、その疑問とされる点は、過失責任としての鉱害賠償責任が結果において過失責任の衣を着た無過失責任であり、損害の塡補のみに実質的意味を有するものとすれば、その実質的意味、つまり損害の塡補をより完全に実現するためにも、そして、また、反面においては、損害の塡補のみを実質的意味とする過失責任が、本来の過失責任とは異なるという意味においても、たとえ、そこに損害発生の予見可能性ありとしても、いわゆる無過失責任としての鉱害賠償責任を認めることが可能となるのではあるまいかと言うことである。そして、さらには、以上のような考え方を押し進めることによって、同じ鉱業をめぐって生ずる損害であっても、本来の過失責任の対象となるべき損害と、そうでない、すなわち、損害の塡補のみを目的とする過失責任——無過失責任——の対象となるべき損害との類別が可能視され、したがって、本節の意図する問題の提起、すなわち、第一〇九条第一項に規定される行為によって生ずる損害と、それ以外の鉱業上の損害との関係、ないし取り扱いについても、ある程度明確化が可能となるのではあるまいかなどの疑問である。そして、鉱害賠償責任について、このような考え方が直接、前述の無過失責任説・過失責任説に対する解決方法となることは言うまでもなかろう。

三　ところで、これらの疑問に対して、最近、特に注目すべき見解を示しているのは、エーレンツワイグ教授（Albert A. Ehrenzweig）の Negligence without Fault[13] なる概念といえよう。しかし、これについては、すでに我妻教授によって、かなり詳しく紹介・批判されており、したがって、詳細は、そこに譲ることとして、ここでは、本節と直接関係する範囲で取りあげて見ることにしたい。

そこで、まず、エーレンツワイグ教授の Negligence without Fault の意味であるが、これについては、前述の我妻教授が、次のように要領よくまとめられている。すなわち、「ネグリゼンスは、行為の結果（損害の発生）に対する予見可能性（foreseeability）を含んでいる。しかし、この予見可能性は、たとい合理人（reasonable man）を標準とすることによって客観化されているにしても、なお、個々の行為をなす際に行為者が当該の結果（損害の発生）を予見すべきであった（合理人ならば予見し得た）かどうかという標準による場合と、その企業を運営すること自体によってかような結果（損害の発生）を生ずることが合理人によって予見することができるものであるかどうかという標準による場合とでは、全く違った結果となる。そして、日常生活における普通の加害行為においては、その要件たるネグリゼンスを前の意味に解し、近代企業から生ずる不可避的な損害については、これを後に解するならば、問題は解決される……少くとも、問題の取扱が正しい軌道に乗る。――もちろん、ネグリゼンスを後の意味に解することは、その本来の意味からは遠ざかることになろう。そこで、教授は、これを negligence without fault と呼び、これに対し、本来の意味を保留する前の意味におけるネグリゼンスを moral negligence と呼ぼうとする」のである[15]。そして、さらに、この点について補足すれば、後者の moral negligence は、合理人が行為者の地位に置かれたなら、生じた種類の損害を予見することができ、かつ、そのような原因行為を避けることが合理的に期待される場合の損害に対するネグリゼンス[16]であるのに対して、前者の negligence without fault は、個々の企業において定型的（typical）な損害であり、また、その損害は企業の出発に当って企業者が合理的に予見可能ではあるが、企業の停止以外には損害の発生を避けることができないところの損害に対するネグリゼンスとも言う[17]ことができよう。そして、エーレンツワイグ教授は、このようにネグリゼンスを moral negligence と、negligence without fault とに分類した上で、後者の negligence without fault による損害に対しては、それが不可避的な損害であってみれば、いわば危険な行為を許されることの社会への対価（these liability are the price which must be paid to society for the permission of a hazardous activity）として、その企業にとって定型的な損害の範囲において、なんら、加害者の故意・過失を条件とせずして、つまり絶対責任を認めようとするのである[18]。したがって、また、そこでは本来のネグリゼンスにおける foreseeability の観念が typicality の観念に移行しているわけであるが[19]、このことからも理解されるように、同じく近代企業から生じた損害であっても、その企業から定型的に生ずる損害についてのみ絶対責任を認めるのであって、その他の損害については、もちろん本来のネグリゼンスが条件となることは当然である。

なお、エーレンツワイグ教授が、なぜ、かようにネグリゼンスを moral negligence と negligence without fault とに分類するかであるが、それは、結局、教授においては、損害賠償制度の理想が、加害者に対する訓戒的作用（admonitory function）と、被害者に対する補償的作用（compensatory function）との調和[21]にあり、従って、殊に近代企業損害が多くなってからは、日常生活をめぐって生ずる損害と、近代企業から生ずる不可避的・定型的損害とを区別しなければ、その理想が達成されないと考えられたためと言うことができ[22]、そして、このことを教授は、直接にはアメリカにおける判例法、ないしリステートメント、さらには外国立法例などから論証[23]しているわけである。

以上、簡単に、エーレンツワイグ教授の Negligence without Fault について見たのであるが、そこで我妻教授も問題提起[24]されているように、もし、かかる考え方が鉱害賠償責任についても妥当するものとすれば、すくなくとも、前述の疑問は、一応解決されるわけである。すなわち、鉱業損害のように、損害防止の方法が、かなりの程度可能にもかかわらず、私企業としての鉱業を前提とするかぎり、結果防止が期待されず、また大部分その意味において不可避的なものとなる損害の賠償責任は、たとえ、そこに予見可能性があるからとしても過失責任説がいうような過失責任としての鉱害賠償責任——過失責任の衣を着た無過失責任——を構成すべきではなく、まさにここにいう negligence without fault に対する絶対責任に照応、ないし移行されるべきものと言うことができるからである。と同時に、かようにして鉱害賠償責任が、企業者の、いわゆる無過失責任とすることができるなら、かかる賠償責任の対象となるべき鉱業損害は、エーレンツワイグ教授の言葉を借りれば、その企業にとって定型的損害であり、また、その損害は企業者が企業の出発に当り予見可能ではあるが企業の停止以外には防止できない損害ということにもなるわけであって、したがってまた、かかる定型的・不可避的損害を生ぜしめることとなる第一〇九条第一項の「鉱物の掘採のための土地の掘さく、坑水若しくは廃水の放流、捨石若しくは鉱さいのたい積又は鉱煙の排出」は、つまり、鉱業に固有して、損害発生させる「危険な行為[25]」を例示したものということにもなるわけである。

（1）たとえば、我妻・前掲書一〇七頁、末弘厳太郎・債権各論一〇七〇頁、宗宮信次・債権各論三七六頁、村上恭一・債権各論五三五頁、石田文次郎・債権各論二六一頁、勝本正晃・債権各論概説二九八頁、なお、鳩山秀夫・民法研究第四巻二六六頁以下参照。また、判例においても、特に汽車・自動車事故などについては多い（岩井万亀・判例不法行為体系八九頁以下各判例参照）。たとえば、大判大正一一年一〇月七日新聞二〇五六号一九頁、大判昭和二年一二月七日新聞二八一六号六頁など。

（2）沢村康「福岡県の炭鉱業被害問題概観」（福岡県鉱害問題調査報告第一巻）三頁以下。なお、吉岡・前掲五三頁参照。

（3）この点から、鉱害賠償費を一種の鉱山地代として性格づける試みがあるが注目されよう（花田仁吾「買収補償・社有田」〔福岡県鉱害問題調査報告第四号〕七九頁以下、正田誠一「補償金と炭鉱経営」〔農業経済論集第三巻第二号〕四七頁以下）。

（4）野田良之「自動車事故に関するフランスの民事責任法」（法協五七巻四号）八一頁以下参照。

（5）Gustav W. Heinemann, a. a. O. S. 20; H. Isay u. R. Isay, a. a. O. S. 61各参照。

（6）一般に民事責任の発展過程は、私的復讐時代から任意購金時代、法定購金時代を経過して、いわゆる国家鎮圧時代に至るとされている（末川博・権利侵害論四頁以下、平野義太郎・民法に於けるローマ思想とゲルマン思想二七四頁以下、石本雅男・不法行為論一二頁以下、H. Brunner, Deutsche Rechtsgeschichte, S. 221f. 各参照）。そして、この点について、さらにローマ法曹が損害賠償責任を culpa に置くのは、なお刑罰的見地に立つものとされている（M. Rümelin, Die Gründe der Schadenszurechnung, S. 4f.; R. Ihering, Schuldmoment im röm. Privatrecht, S. 22）。

（7）O. Gierke, Deutsches Privatrecht, 111, S. 880.

（8）損害賠償に刑罰の性質があるとする考え方は、ドイツ普通法時代でも、かなり存在したわけであるが、これを打破したのはビンディングであったし（K. Binding, Normen und ihre Übertretung, 1, S. 440）、また、わが国でも、現在では、民事責任の目的が損害塡補にありとすることが支配的となっていることは多言を要しないであろう（平野義太郎「損害賠償理論の発展」〔牧野先生還暦祝賀論文集所収〕一〇六頁、牧野英一「不法行為論の発展」〔法律時報五巻七号〕三頁、石本雅男・民事責任の研究二五七頁、我妻栄「損害賠償理論に於ける具体的衡平主義」〔志林二四巻三号〕八五頁各参照）。

（9）　来栖・前掲書二二七頁以下。なお、Protokolle der Kommission für die zweite Lesung des Entwurfs des Bürgerlichen Gesetzbuchs, Bd. 11, S. 568f. ; J. W. Hedemann, Die Fortschritte des Zivilrechts im 19 Jahrhundert, S. 111各参照。

（10）　我妻栄・事務管理・不当利得・不法行為（新法学全集第一〇巻民法Ⅳ）九六頁、来栖・前掲書二二一頁、この点について、石本・前掲書一八五頁以下は、「損害賠償請求は民法上は常に被害者が加害者乃至はその他個人に対する対人的権利としてのみ認めることを根本原則とする民法自体の構造のうちにこの理由が存していると考えられるのである」とされており、また、岡松参太郎・無過失損害賠償責任論三三頁以下は、予防作用と損害の塡補の両者を指摘される。なお民法第七〇九条の成立過程については、原田慶吉・日本民法典の史的素描三三七頁以下参照。

（11）　たとえば、岡松・前掲書三三頁以下、および、そこに引用される各学説参照。さらに、大判大正五年一二月二二日民録第二二輯二四七四頁、大判大正八年五月二四日新聞第一五九〇号一七頁などは、このことをよく示していると思われるが、同時に近代企業災害の拡大とともに、かかる立場の動揺することも当然であろう（鳩山・前掲書二六六頁、末弘厳太郎・物権法上巻三四八頁、我妻・前掲書一〇四頁各参照）。

（12）　野田良之「自動車事故に関するフランスの民事責任法」（法協五七巻四号）九四頁以下、平野義太郎「危殆責任と免責事由としての不可抗力反証」（民商法雑誌六巻）一〇一四頁以下、牧野英一・法律に於ける進化と進歩一六九頁以下各参照。

（13）　Albert A. Ehrenzweig, Negligence without Fault——Trends toward an Enterprise Liability for Insurable

Loss, p. 55-61.

（14）我妻栄「Negligence without Fault」（末川先生還暦記念論文集所収）二五頁以下。

（15）我妻・前掲二五頁以下参照。

（16）Albert A. Ehrenzweig, op. cit., p. 37-38.

（17）Ibid., p. 61.

（18）Ibid., p. 54.

（19）Ibid., p. 58. そしてかかる定型（typicality）が、厳格責任（strict liability）、リステートメント（Restatement of the Law of Torts）、そして準厳格責任（quasi-strict liability）の法理などのなかに見いだされることを指摘する。

（20）Ibid., p. 19-20. たとえば、鉄道会社が線路工事の際に排水を悪くして溜池を作り、それに氷が張った上を鳶を追っていた子供が落ち込んで死んだ場合には、moral negligence の法理により解決される。

（21）Ibid., p. 9.

（22）Ibid., p. 21-33, 48-50. すなわち、第一九世紀末には、アメリカ法でも〝No liability without fault〟が支配的で、しかも、それは当時の経済的自由放任主義により、かえって強化もされたが、やがて、多くの企業損害の現出は、反面において、たとえば、古い上級者責任（respondeat superior）や、事実推定則（res ipsa loquitur）の活用をよぎなくするようになった。かようにして、いわば過失の衣を着た無過失責任ということが企業損害の一傾向となったのであるが、しかし、あくまでもネグリゼンスの法理の中での、この傾向は、とうてい満足されるものではないのである。すなわち、本来、訴訟法上の立証責任に関する事実推定則、あるいは、当該の加害行為が過失に基く場合に、直接の加害者に代って上級者の負う上級者責任などの、特にネグリゼンスの法理の中での準用は、結果において、加害者の賠償責任を、あるいは不当に重く、あるいは不当に軽く認めることとなったからである。したがって、このことはエーレンツワイグ教授によれば、まさに〝the crisis of the rule〟でもあったわけである（Ibid., p. 35.）。

（23）　Ibid., p. 48-54.
（24）　我妻・前掲四六頁参照。なお Ibid., p. 54参照。
（25）　Albert A. Ehrenzweig, op. cit., p. 51および Restatement of the Law of Torts, §519各参照。

第四項　要　約

一　以上において論じた事がらは、結局、第一〇九条第一項の鉱害賠償責任が、たとえ、そこに損害に対する企業者の予見可能性ありとしても、鉱業権者・租鉱権者の、いわゆる無過失責任として、また、同項の「鉱物の掘採のための土地の掘さく、坑水若しくは廃水の放流、捨石若しくは鉱さいのたい積又は鉱煙の排出」が、それらから、よって生ずる損害に対して、鉱業権者・租鉱権者に無過失賠償責任を負わすべき、鉱業に固有して、損害発生させる危険な行為（作業）の例示として、それぞれ解しうることなどである。したがってまた、その意味では、第一〇九条第一項は、鉱業が社会に対して、危険な企業ではあるが、しかし、その高い社会的利益のゆえに、よって生じた損害を塡補することを条件として、その社会から是認され許容せしめられていることを示しているものとも言うことができるのである。

二　そこで、第一〇九条第一項について、右のような考察が許されるなら、さらに本節が意図したところの問題提起、すなわち、第一〇九条第一項に規定する行為によって生じた損害と、他の鉱業上の損害との関係、特に同項に規定する行為と類似する行為によって生じた損害の取り扱いも、かなり明確になるものと言うことができよう。つまり、第一〇九条第一項の原因行為は、それから、よって生じた損害に対して、鉱業権者・租鉱権者に無過失賠償責任を負わすべき、鉱業に固有して、損害発生させる危険な行為の例示であるから、たとえ、第一〇九条第一項に規定されない原因行為による損害であっても、その原因行為が、鉱業に固有して、損害発生させる危険な行為と客観的に判断されるかぎり、また、その範囲で、結局、鉱業損害として、鉱業権者・租鉱権者が無過失賠償責任を負うべきものとなるからである。たとえば解釈上問題とされる露天堀、鉱区外の補助坑道掘進、石油井における油の流出、探鉱のためのボーリングなどによる損害は、すべて、ここにはいると考えられる。したがってまた、それ以外の鉱業をめぐって生ずる損害が、原則として民法の不法行為の適用となることはいうまでもないところであろう。

第二節　鉱害賠償責任と因果関係

第一項　序　説

具体的な鉱害賠償責任の成立をめぐって、第二に問題となることは、鉱害賠償責任における因果関係ということである。なぜかといえば、鉱業法第一〇九条に規定されるように、結果責任としての鉱害賠償責任を前提とすれば、本章第一節で検討されたことを除けば、具体的鉱害賠償責任は、鉱害賠償責任の、この点を充足することによって成立せしめられるからである。

ところで、広く民事上の損害賠償責任が成立するためには、原則として加害行為と損害との間に因果関係が存在しなければならない。もちろん、この関係は、企業損害に対する、いわゆる無過失損害賠償責任の成立においても同様である。しかし、従来、わが国においては、過失責任の場合についてはともかく、無過失損害賠償責任の場合の因果関係については、その具体的な検討が必ずしも充分であったとはいい難い。これは、多分に、わが国においては、早くから、そのことを要求する多くの有力な学説の存在にもかかわらず、これまで無過失損害賠償制度の立法が、あまり実現化されず、したがって、企業損害をめぐる理論も、ややもすれば内容において具体性を欠きがちな傾向にあったことに起因するものと考えられる(1)。

のみならず、このような傾向は、現実化された数少ない無過失損害賠償制度についても指摘されることであって、たとえば、本節で取りあげようとする鉱害賠償責任も、その例外ではありえない。すなわち、鉱害賠償責任においても、その賠償責任の無過失性という点についてはともかく、第一節で考察したように鉱業損害の範囲やさらに因果関係の点になると、これまで、それほど深く検討を試みた学説は、殆んどないといってよいからである(2)。そして、この点において特に考慮されるべきことは、その他の企業損害と同様に鉱業損害においても、第一章に見られるようにその損害態様の特殊性から、加害行為と損害との間の因果関係の不明確な場合が多く、また、その証明についても技術的・経済的に、きわめて多大な困難を伴う場合が少なくないことである。したがって、その場合の因果関係、特に、その証明ということを、どのように理解するかは、公平な賠償責任成立の、したがってまた公平な鉱害賠償の実現にとっても、かなり重要な問題となってくるのである。従来の鉱害賠償をめぐる紛争事件の殆んどが、その損害の存否をもって、もっぱら主要な争点としていることを考えればなおさらのことといえよう。(3)

(1) たとえば岡松参太郎・無過失損害賠償責任論、牧野英一「無過失責任」(法律における進化と進歩)、末弘厳太郎「過失なき不法行為」(法協三〇巻七号)、平野義太郎「損害賠償理論の発展」(牧野先生還暦祝賀論文集所収)、小野清一郎「危険主義の無過失損害賠償責任論」(志林二一巻六・七・九号)、我妻栄「損害賠償理論における具体的衡平主義」(志林二四巻三・四・五号)などは、いずれも、わが国における企業損害賠償制度の必要を論じたものである。しかし、それに対応する制度としては、ここで取りあげる鉱害賠償制度の以外では、自動車損害賠償保障制度が主なものとして挙げられる程度である。そのこともあってか、企業損害と因果関係ということでは、参照せらるべき文献は、あまりないようである。なお、鈴木貞吉・損害賠償範囲論八頁以下、勝本正晃「民法上の因果関係について」(法律時報三二巻九号)五頁参照。

(2) たとえば平田慶吉・鉱害賠償責任論九一頁以下、同「鉱害賠償規定解説」(民商法雑誌九巻五号)九頁、同「鉱害賠償規定の制定」(法律時報一一巻三号)九頁、同・鉱業法要義三一七頁以下、美濃部達吉・日本鉱業法原理二五二頁、我妻栄「鉱業法改正案における私法問題」(私法五号)八二頁、我妻栄・豊島陞・鉱業法(法律学全集五一巻)二七七頁以下、加藤悌次・上村福蔵・小林健夫・鉱業関係法二一五頁など、いずれも鉱害賠償責任の特殊性を指摘するが、因果関係の問題には殆んど触れられていない。

(3) 鉱業損害の特殊性については、第一章参照。なお平田慶吉・鉱害賠償責任論三五頁、沢村康・福岡県における炭鉱業に因る被害の実状調査一五頁以下、拙著「農地の鉱害賠償」(法学理論篇)五頁以下が詳しい。それらに見られる特殊性からも理解されるように、たとえば福岡地方裁判所、同各支部、および福岡通産局和解仲介委員会などに提出される鉱害事件は、殆んどが鉱害の存否を争っているものである。なお、本節は手続法とも関係する事柄であるが、もっぱら実体法の面からのみ考察していることを、あらかじめおことわりしたい。

第二項　従来の諸学説の検討

一　鉱害賠償が、企業者の、いわゆる無過失賠償責任であることについては、第一節に見られるとおりである(1)。

ところで、かかる賠償責任としての鉱害賠償責任においても、原則として加害行為と損害との間に因果関係の存在することが、その賠償責任の成立要件となっていることはいうまでもない(2)。このことは、鉱業法第一〇九条の規定の内容からいっても明らかなところである。すなわち、同条第一項は、「鉱物の掘採のための土地の掘さく、坑水若しくは廃水の放流、捨石若しくは鉱さいのたい積又は鉱煙の排出によって他人に損害を与えたとき」当該関係鉱業権者・租鉱権者（以下ではただ鉱業権者で表わすことにする）が、結果責任を負うことを規定しているからである。したがって、この規定により、現行法上鉱害賠償責任の成立する損害は、「鉱物の掘採のための土地の掘さく、坑水若しくは廃水の放流、捨石若しくは鉱さいのたい積又は鉱煙の排出」という鉱業上の特定行為によって生じた損害だけであって(3)、それ以外の損害は、かりに、その損害が鉱業損害類似の損害であっても、鉱業と、なんらの関係のない、たとえば自然流水による土地・家屋の傾斜・陥落などの損害はもちろんのこと、鉱業に関係するものであっても、たとえば鉱業会社の事務所の煙突からの煙の排出による損害などは、いずれも鉱害賠償責任を成立せしめないこととなる。(4) つまり、これらの損害は、どれもともに鉱業法第一〇九条第一項に規定される鉱業上の特定行為と、なんら因果関係を有するものではないと考えられるからである。もちろん、この関係は、いわゆる賠償義務者の画一化(5)により、たとえば鉱業権の移転や、隣接鉱区をめぐる他鉱業権者の行為により生じた損害に対して特定鉱業権者の鉱害賠償責任の成立する場合（鉱一〇九条一項、同二項、同三項、同四項の各場合がありうる）についても同様である。すなわち、その場合においても他鉱業権者の鉱業上の特定行為と損害との間に因果関係が存在しないかぎり特定鉱業権者の鉱害賠償責任の成立しないことは右の規定からいって当然だからである。このように鉱害賠償責任においても、すくなくとも現行法上、その賠償責任が成立するためには、つねに鉱業上の特定行為と損害との間に因果関係の存在することが要件となっていることは明らかなところである。したがってまた鉱害賠償責任の成立において、そのことが要件とされているかぎり、その場合に要求される因果関係、わけても因果関係の証明を、どのように理解するかは、鉱害賠償においては、その公平な賠償責任の成立、ないしは賠償の実現ということからして、きわめて重要な課題となってくるのである。なぜかといえば、一般に企業損害は、そのような性格を有するものであるが、殊に鉱業損害においては、地下鉱物の採取という企業の特殊事情から加害行為と損害との間の因果関係の不明確な場合が多く、またそれを証明するためには、技術的・経済的に多大の困難を伴う場合が少なくないからである。そして、特に地下の採掘状況を全く知り得ない被害者にとっては、その困難がさらに大きなものとなっていることについてはいうまでもないところであろう。したがって、損害の態様において、かかる特殊性を内在する鉱害賠償においては、その場合に要求される因果関係、そして直接には、その証明を、どのように理解するかは、結局、鉱害賠償責任の成立を直接左右するところの問題となるのであり、したがってまた、そのかぎり、その理解のいかんによっては、結果として、鉱害賠償を公平なものともすれば、不公平なものともすることになるわけである。

二　ところで、鉱害賠償の因果関係をめぐるこのような問題に対して、その検討が、わが国の従来の学説において、必ずしも充分であったとはいい難いことについては、すでに問題の所在において指摘したところである。すなわち、鉱害賠償をめぐっての従来の学説は、無過失損害賠償責任としての鉱害賠償責任の特徴についてはともかく、因果関係の点については、ただ、それが相当因果関係として理解されるべきものとする一般的原則を示すにとどまるのみで、さらに進んで、かかる問題を具体的に検討した学説は、殆んど見当らないといってよいからである。(7) もっとも、形式的にみて、そのような問題は、民事手続法上の問題だということによるのかも知れないが、しかし、ただ、そういったことでは済まされない問題であることはすでに述べたところから明らかであろう。(8) それでは従来の学説においては、右に述べるような鉱業損害に内在する因果関係の特殊性、つまり因果関係の不明確、ないし証明の困難などという事情が、まったく見落されていたかというと必ずしもそういうわけではない。すなわち、現行法は、譲渡鉱区、隣接鉱区、共同鉱区・租鉱区などをめぐる鉱業損害については、いわゆる賠償義務者の画一化（鉱一〇九条一項、同二項、同三項、同四項などの各場合がありうる）を認めており、そして、従来の学説は、いずれも、この賠償義務者の画一化ということが、鉱業損害に内在する、つまり因果関係の不明確、ないし証明の困難という特殊性に根拠する被害者保護のために設けられたものであることを指摘しているからである。そして、従来の学説が、そのことを、ただ、指摘するのみならず、さらに、その点を強調すらしておるところから推測すれば、ここで提起されるような問題は、むしろ、このような賠償義務者の画一化ということにより、すでに規定のうえで、したがってまた法適用上も解決されているところの問題だと考えているようにも見受けられないでもない[10]。そこで、その点は、かならずしも明らかではないが、もし従来の学説が、かかる賠償義務者の画一化ということでもって、ここで提起されているような課題が、すでに規定のうえで解決されているものと考え、また、その結果、因果関係をめぐる、かかる課題が、従来、不問とされてきたということであれば、すくなくとも現行法の認める賠償義務者の画一化ということでは、後述のように、そのことの趣旨を、ここでの課題に応用すればという意味でならともかく、その課題が、直接、規定上、したがって法適用上、解決されていないことは、これを充分明らかにしておく必要があろう。すなわち、たしかに従来の学説が指摘しているように、賠償義務者の画一化ということが、鉱業損害に内在する因果関係の不明確、ないしは証明の困難を根拠とする公平な鉱害賠償の実現のために設けられたものであることについては、これを、そのまま認めてよいと思う。その意味では、ここでの課題と賠償義務者の画一化ということとは、その根拠において、また、その意図したところの結果的作用において、まさに共通したところの問題だといいうる。しかし、それでは、賠償義務者の画一化ということによって、規定上、ここでの課題が解決されたことになるのかということは、その点については、これを否定せざるをえないように思える。すなわち、賠償義務者の画一化ということは、従来の学説が指摘するように、結局、鉱業損害に内在する因果関係の不明確、ないし証明の困難ということからして公平な鉱害賠償を実現するために、他鉱業権者の加害行為による損害に対してその他の特定鉱業権者の賠償責任の成立を認めることであろう。それでは、その場合の賠償責任は、すべての損害について、まったく無条件的に成立するのかといえば、決してそうではなく、すなわち、その場合の鉱害賠償責任の成立についても、つねに他鉱業権者の加害行為、厳密には他鉱業権者にかかわる鉱業法第一〇九条第一項に規定される鉱業上の特定行為とその損害との間には因果関係が存在しなければならないのである。そして、このことは、すでに一言したように鉱業法第一〇九条第一項の規定内容からも明らかなところである。そこで、賠償義務者の画一化、つまり他鉱業権者の加害行為による特定鉱業権者の賠償責任の成立においても、つねに他鉱業権者の行為とその損害との間に因果関係の存在することが要件となっているかぎり、ここでの課題が、規定のうえで解決されていないことは当然であり、したがってまた、その課題が不必要なものともならないことはいうまでもない。つまり、賠償義務者の画一化ということは、法適用という面からいえば、鉱業法第一〇九条第一項の鉱業上の特定行為と損害との間に因果関係があることを前提としての賠償義務者の確定をいっているわけである。したがって、その意味では、賠償義務者の画一化により、他鉱業権者の加害行為に対して特定鉱業権者の賠償責任が成立するためには、つねに他鉱業権者の加害行為と損害との間に因果関係の存在することが、その成立要件となっているわけである。したがってまた、従来の学説が指摘し強調しているところの賠償義務者の画一化における鉱業損害の因果関係についての特殊性の考慮ないし被害者の保護ということも、法適用上からは、そのような前提のうえにたった、あるいは、それを限度とする鉱業損害の特殊性の考慮であり、被害者の保護になるわけである。(11) しかし、ここで問題にしていることは、いうまでもなく賠償義務者の画一化される場合をも含めて、広く賠償義務者が確定されるための前提要件たるべき、つまり、鉱業法第一〇九条第一項の鉱業上の特定行為と損害との因果関係についてであり、具体的には、ある損害が鉱業法上の鉱害賠償責任を成立せしめる鉱業損害であるかどうかの判定をめぐっての問題なのである。

(1) 本章第一節参照。かつては鉱害賠償責任を過失責任と解した学説もあったが（たとえば平田慶吉・鉱害賠償責任論一〇九頁、美濃部達吉・前掲書二五二頁など）、今日では、殆んどの学説が、その無過失責任なることを認めている。たとえば末川博・民法上三〇三頁、末弘厳太郎・民法雑記帳一九八頁、我妻栄・事務管理・不当利得・不法行為（新法学全集）九九頁、来栖三郎・債権各論二四二頁、加藤一郎・不法行為（法律学全集）一三頁、我妻・豊島・前掲書二七九頁など。なおその学説の紹介については、拙稿「鉱害賠償責任の一考察」（九州大学法学部三〇周年記念論文集所収）四七九頁以下が詳しい。

(2) たとえば、我妻・豊島・前掲書二八二頁、加藤・上村・小林・前掲書二二〇頁、平田慶吉・鉱業法要義四五四頁、美濃部・前掲書二五二頁など、いずれもこの趣旨を認めている。

(3) 本章第一節参照。つまり、この特定行為については、それが制限的なものか例示的なものかについて争がある。たとえば美濃部・前掲書二五〇頁、芹川正之・新鉱業法精義二一六頁などは制限的に解している。その批判が、拙稿・前掲論文五〇二頁でもある。

(4) これらの設例は、いずれも通説の認めるところである。たとえば我妻・豊島・前掲書二八三頁、加藤・上

村・小林・前掲書二二一頁、平田・前掲書四五四頁など。

（5）我妻・豊島・前掲書二八二頁参照。そこでは形式的画一化としている。

（6）第一章参照。なお、平田「鉱害賠償責任論」三五頁、沢村・前掲書一五頁以下、拙著「農地の鉱害賠償」一〇頁各参照。

（7）たとえば平田・鉱業法要義四五三頁、同・鉱害賠償責任論一〇八頁、我妻・豊島・前掲書二八二頁、加藤・上村・小林・前掲書二二〇頁。なお、鳩山秀雄・日本債権法総論七三頁、我妻栄・債権総論一〇五頁、同・事務管理・不当利得・不法行為一五四頁、加藤・前掲書一五二頁、末弘厳太郎「不法行為と民法第四百十六条」（民法雑記帳）二一九頁など各参照。もっとも相当因果関係ということ自体についても問題があろう（植林弘「ドイツ法上の因果関係論」〔法律時報三二巻九号〕一九頁、戒能通孝「不法行為における因果関係とコンスピラシー」〔損害賠償の研究上〕二九〇頁）、しかし、ここでは、ひとまず、従来の支配説に従って論を進めることにしたい。

（8）たとえば挙証責任についていえば、それは、むしろ実体法上の問題だとする立場がすくなくない。この点については、兼子一・民事訴訟法体系二八〇頁、三ケ月章・民事訴訟法（法律学全集）四〇五頁以下、田中和夫・証拠法六〇頁、中島弘道・挙証責任の研究三四頁以下各参照。

（9）たとえば、我妻・豊島・前掲書二八三頁、加藤・上村・小林・前掲書二二二頁、平田・前掲書四六〇頁、美濃部・前掲書二五四頁など。

（10）この点を特に強調するものとしては、我妻・豊島・前掲書二八三頁、加藤・上村・小林・前掲書二二一頁、平田・前掲書四六〇頁など。

（11）この点が従来の学説でどの程度理解されているか疑わしい。その結果、真実の行為者の取り扱いについても、たとえば平田・前掲書四六三頁は被害者に対して民法上の不法行為者となると解し、また、我妻・豊島・前掲書二八四頁では、両鉱業権者間の求償関係にとどまると解するなどまちまちとなっている。解釈としては後者の方が正当だと考える。

第三項　因果関係の証明

一　いわゆる無過失責任としての鉱害賠償責任においても、その賠償責任が成立するためには、加害行為と損害との間に因果関係の存在することが要件とされる場合、鉱業損害に内在する因果関係の不明確、ないし証明の困難という事実に着目し、またそのうえにたっての公平な賠償を指向するかぎり、そこに要求される因果関係の証明を、いかに理解するかが、重要な問題となってくるわけであるが、しかし、その問題の解決が、わが国の従来の学説によっては、結局、得られないことは、すでに述べたとおりである。

ところで、この点について、注目すべき方向を示していると思われるのは、やはり、わが国の場合と同様に無過失賠償責任とされるドイツの鉱害賠償をめぐる、その点についての学説、ないし判例の立場である。[1] ドイツにおいても鉱害賠償責任が成立するためには、加害行為と損害との間に因果関係の存在することが要件となっていることはいうまでもないところである。[2] そのことは「地上または地下における鉱業上の作業により、土地またはその従物に損害を生じたるとき」は、鉱業権者が無過失賠償責任を負うべきことを認めるプロイセン鉱業法第一四八条の規定の構成からいっても明らかである。それでは、その場合に要求される因果関係の証明が、どのように理解されているかというと、まず、その挙証責任についていえば、ドイツにおいても、その挙証責任は、実質的にはともかく、一応賠償を請求する側、つまり被害者にあると解するのが通説であり、したがって、その意味では、わが国の従来の取り扱いと同様だといえよう。[4] しかし、その証明の程度については、次に見られるように、かなり緩和された構成がなされており、また、その結果、実質的には、いわゆる挙証責任の転換がなされていると見られることは注目されてよいことだと思う。ドイツにおいても賠償制度の成立した当初においては、この点についての証明も、厳格な内容、したがって確定的な証明が要求されていたようである。[5] しかし、鉱業損害の特殊性から、やがて、そのことの要求が、結果として公平な賠償とならざることの反省がなされるに至り、一部の学説においては鉱害賠償規定のなかに、証明についての、ある種の推定規定を設けるべきだとの意見も見受けられるほどであるが、[6] 結局、それには至っておらず、その不合理は、むしろ証明の程度の緩和、つまり確定的な証明から蓋然的証明へということでもって解決されているのが現状のようである。すなわち、ドイツにおいては、今日、鉱害賠償における因果関係の証明は、その因果関係の存在することのかなりな程度の蓋然性を示す程度で充分だとするのが通説だといえよう。[7] そして、このことは、ドイツ大審院の判例によっても認められているところである。[8] もっとも、因果関係の証明が、その因果関係の存在することの、かなりな程度の蓋然性を示す程度で充分だといっても、たとえば、ある損害が、ただ、採掘鉱区内にあるということだけでは不充分であり、その場合には、その損害が、さらに、その他の原因に基づかざることについての、かなりな程度の証明が必要とされている。[9] そして、証明の程度についての、学説・判例によるこのような構成の結果、蓋然性に基づくところの損害が、真実の損害でないことは、結局、加害者の側において証明しなければならないこととなり、また、その証明が得られないかぎり鉱害賠償責任が成立することになるため、その意味では形式的にはともかく、実質的には因果関係の証明についての挙証責任は加害者に転換されているとも見られるところとなっている。(10)

二　以上が、ドイツにおける鉱害賠償についての因果関係の証明をめぐる学説、ないし判例の立場の大要である。そして、そこで見られたことは、結局、ドイツの学説・判例は鉱業損害の特殊性から、その因果関係の証明の緩和という構成により、また、その結果、実質的には因果関係の証明についての挙証責任を転換することにより、いわば公平な鉱害賠償を実現しようとしていることである。そこで、ドイツの学説・判例の立場を、そのようなものだと理解して誤りないとすれば、かかる立場は、本節の課題の解決に当って、したがってまた、わが国の鉱害賠償において、これを充分参照してもよいことのように思われる。したがって、以下では、わが国の鉱害賠償の因果関係についても、このような立場が、つまり、その場合の被害者に要求される因果関係の証明は、それが存在することのかなりな程度の蓋然性を示す程度で充分であり、また、そのことの結果、実質上の証明の責任を、被害者から加害者へ転換することが認められうるものであるかどうかを検討してみたいと思う。しかし、実のところをいえば、わが国の鉱害賠償においても、そのような立場が、かなり容易に認められうることについては、ここで、あらためて検討する必要もないほどだともいえるところである。なぜかといえば、現行法は、すでに規定でもってそのことの採用可能なことを、充分、用意していると見ることができるからである。そして、その採用可能なことを充分用意している規定とは本節で、すでに検討した現行法上の、いわゆる賠償義務者の画一化についての規定（鉱一〇九条一項、同二項、同三項、同四項などがある）である。すなわち、さきに検討されたところに従っていえば、賠償義務者の画一化ということは、結局、その損害が鉱業損害であることを前提として、他鉱業権者の行為による損害につき、特定鉱業権者の賠償責任を認めることであった。そのことを当面の問題に当てはめて、さらに説明すれば、賠償義務者の画一化ということは、ある損害が鉱業損害であることは明白であるが、どの鉱業権者の行為によるかが不明な場合、被害者は、その損害が、どの鉱業権者の行為によるものであるかについては、なんら証明することなしに法定の特定鉱業権者（たとえば損害発生時の当該鉱区の鉱業権者）に対して賠償請求できるということだといってよい(11)。したがって、そこでは鉱業損害が明白であることを前提としてではあるが、どの鉱業権者の行為によるのかということについての因果関係の証明という点では、証明の緩和、ないし因果関係の推定どころか、文字通りの規定による因果関係の確定が行われているわけである。そして、なぜ、このようなことが行われるかといえば、すでに述べたように、すくなくとも鉱業損害であることが確定している場合には、そうすることが鉱業損害における因果関係の不明確、ないし証明の困難なことからして、公平な鉱害賠償の実現により近づくことだと考えられたがためにほかならない。そこで、現行法の賠償義務者の画一化ということを、このようなものとして眺めてくると、因果関係の証明についてのドイツの学説・判例の立場は、あまり説明を要せずして、わが国の鉱害賠償の解釈においても、そのまま採用できそうに思える。なぜかといえば、すでに述べたところから明らかなように、現行法の賠償義務者の画一化ということが、ドイツにおける学説・判例の立場と、その根拠、ないし作用をまったく共通にしていることはいうまでもないが、さらに、一定の制限のもとにおいては賠償義務者の画一化ということは、ドイツの学説・判例の立場を、さらに、より徹底したものだともいうことができ、したがって、そのかぎり、賠償義務者の画一化ということを認める鉱害賠償制度のもとにおいては、その解釈において、すくなくともドイツの学説・判例のような立場の採用されるべきことは、その当然の前提となっているところだと見ることができるからである。その意味では、現行法の鉱害賠償における因果関係の証明の考察に当っては、あえてドイツの学説・判例を参照するまでもなく、現行法の賠償義務者の画一化ということの趣旨を正当に理解すれば、すくなくともドイツの学説・判例のような立場は、現行法の当然の解釈として出てくることだともいえることにもなる。そのことはともかくとして、このようにして、わが国の鉱害賠償責任においても、ドイツの学説・判例のような立場が採用される余地が充分にあり、また、余地があるのみならず、むしろ採用されるのが当然であることが明らかにされたことと思う。そして、もし、そのことが当然でないとされるなら、究極において、鉱害賠償責任が企業者の、いわゆる無過失損害賠償とされたことの意味すら失いかねないことにもなるからである。[12]

（1）　第二章第一節参照。ドイツでは、鉱害賠償責任を企業者の危険責任と解するのが通説となっている（R. Müller-Erzbach, Gefährdungshaftung und Gefahrtragung. S. 258f.; H. Isay u. R. Isay, Allgemeines Berggesetz für die Preussischen Staaten, Bd. 11. S. 61; Daubenspeck, Die Haftpflicht des Bergwerksbesitzers aus der Beschadigung des Grundeigentums. S. 53）。これに対して近時、鉱害賠償責任を鉱業権と土地所有権との相隣関係においてとらえる立場のあることは注目されてよいであろう（Gustav W. Heinemann, Der Bergschaden auf der Grundlage des Preussischen Rechtes, S. 25）。

（2）　I. Isay u. R. Isay, a. a. O. S. 65; Daubenspeck, a. a. O. S. 23; Gustav W. Heinemann, a. a. O. S. 27.

（3）Gustav W. Heinemann, a. a. O. S. 42ff.; Daubenspeck. a. a. O. S. 98; E. Holländer, Die Entschadigung für Bergbauschäden. S. 5f.
（4）兼子・前掲書二八二頁、三ケ月・前掲書四一二頁、中島・前掲書六頁、田中・前掲書六〇頁、同「立証責任の分配に関する大審院判例」（法協四九巻五号）三頁以下、末川博・不法行為並に権利乱用の研究二五頁など各参照。
（5）E. Holländer, a. a. O. S. 6f.; Daubenspeck, a. a. O. S. 95f.
（6）Daubenspeck, a. a. O. S. 98f.
（7）Gustav W. Heinemann, a. a. O. S. 42ff.
（8）一九二一年七月六日の大審院判例（Gustav W. Heinemann, a. a. O. S. 42）。
（9）Gustav W. Heinemann, a. a. O. S. 42ff. なお、同趣旨の下級審判例として、一九三五年七月一八日のデュウセルドルフ高等法院の判例がある（Gustav W. Heinemann, a. a. O. S. 42）。
（10）E. Holländer, a. a. O. S. 114.
（11）この趣旨は、従来の学説も、いずれも認めるところである。たとえば平田・前掲書四六〇頁、我妻・豊島・前掲書二八四頁、加藤・上村・小林・前掲書二二二頁など。
（12）わが国においても、下級審判例ではあるが、近時に至って、「漏電による出火の可能性あることが証明され、他に出火の原因と認むべきもののないかぎり、漏電による出火と推認するのを相当とする」と判示したものがある（東京高判昭和三一年二月二八日高判九巻三号一三〇頁）が注目されてよいであろう。なお、鉱業損害の因果関係をめぐっては、ドイツの場合、鉱区測量士制度（Markscheider）が、かなり大きな作用を果していると考えられるが、これについては、あらためて取りあげることにしたい。

第四章　鉱害賠償責任の内容的特徴

「はしがき」にも述べるように第四章は、鉱害賠償責任の実体的な法理論を理解せしめる、つまり具体的な鉱害賠償責任という観点にたって、特に、その内容面における主要な法律問題の具体的・個別的検討である。前各章との関係においていえば、第一章で考察されたような諸特徴を有する鉱業損害に直面して、第二章で明らかにされたような法律的要因は、それを実現する道具として、どのような特殊法律関係のなかに自己を貫徹しようとしたかの、第三章につづく第二の具体的考察の場にほかならない。では、具体的な鉱害賠償責任の内容についての主要な法律問題が、どこにあるかといえば、それは、もっぱら賠償当事者の確定、および賠償範囲の確定についてである。なぜかといえば、第一章で考察したような、特に、継続的、因果関係不確定的な損害としての鉱業損害の特殊性は、この面において、きわめて特殊な法律関係を出現せしめているからである。そこで、賠償当事者、ないし賠償範囲の確定ということを、特に鉱業損害の代表的存在であり、また、その他にも困難な問題を内在している農地鉱業損害のなかで、それぞれ考察しようとしたのが、第一節の「鉱害賠償における賠償当事者」、および第二節の「鉱害賠償における賠償範囲」である。

第一節　鉱害賠償における賠償当事者

第一項　序　説

いうまでもなく賠償当事者は、賠償義務者、および賠償権利者から構成される。そのうち、賠償義務者については、その賠償義務の無過失責任性をめぐって第三章に詳述したところであるから、ここでは賠償当事者のうち賠償権利者について考察することにしたい。

従来、鉱害賠償をめぐっては、鉱業損害の、特に継続性、因果関係の不確定性から、誰が賠償権利者となるかについて争となる場合が多い。つまり、損害が継続的であれば、その間に被害物件の譲渡、賃貸あるいは賃貸借の終了ということが多くなり、しかも因果関係が不確定ということになると、その場合の賠償権利者が誰であるかは容易には確定されない。さらに、被害物件が農地である場合は、農地自体の社会・経済的特殊性も加わって、いっそう不確定的なものとなっている(1)。そこで、ここでは、賠償権利者の確定ということを、従来、特に紛争の多い小作農地鉱害について検討してみたいと思う。

ところで、小作農地鉱害の賠償権利者の確定ということについての従来の学説をみると、ほぼ二つに分類することができ、地主・耕作者説、および耕作者説が、これである。

鉱業法第一〇九条第一項は、「鉱物の掘採のための土地の掘さく、坑水若しくは廃水の放流、捨石若しくは鉱さいのたい積又は鉱煙の排出によって他人に損害を与えたとき」その賠償義務者については詳細な規定を置くも（同条各項参照）、賠償権利者については、なんら触れず、むしろ解釈に任かしている。そこで一般には、賠償権利者が、その加害行為と相当因果関係にある損害を受けたものであり、また、財産上の被害者にあっては、その動産・不動産の所有者たると用益物権者たるとを問わないとして、ここに地主・耕作者説が理由づけられている。[2]しかし、これに対して、特に最近、この地主・耕作者説は、農地鉱害の特殊性から実状を無視するものであるとして、小作農地鉱害の賠償権利者は、小作人と解釈すべしとする耕作者説[3]が提起されるに至った。そしてこの耕作者説は、主として現実の補償慣行に根拠を置き、また鉱害関係庁の指導要綱に採用されている点で注目されている。

なお、この問題に関する判例に言及すると、直接、以上に関係するものは、下級審民事判例[4]に唯一の例があるのみで、しかも、その判決は、当該農地に関する鉱害賠償金は、すべて地主が取得することを条件として小作契約が締結されたことを認定し、したがって、その場合の賠償権利者は地主を正当とする、と判示するものであって、問題に関するかぎり、判例の見解は不明である。

以上が、従来の学説、および判例の大略であるが、いわば通説ともいえる第一説の地主・耕作者説については、法律的にも耕作権の確立された現在（農一八条以下）、あまり説明を加える必要もないであろう。そこで、ここではむしろ第二説の耕作者説、直接には、その根拠である耕作者補償慣行を検討することにより、この問題の展開を試みることにしたい。

（1）従来、鉱害地において、小作農地鉱害の賠償権利者が、誰であるかは、鉱害賠償紛争の一原因となっている。最近の事例では、福岡県大牟田地区鉱害事件が代表的であろう。ここでは、終戦当時まで、鉱害賠償金はすべて地主のみが取得する、いわゆる地主補償制であった。しかし、終戦を契機とする農地改革、および、それに伴う耕作権の確立などは、やがて、耕作者をして賠償要求をなさしめるに至り、ここに賠償金をめぐって、地主・小作者さらには加害者（三井鉱山株式会社）をも加える鉱害紛争となったのである。しかも、ここでは鉱害と、さらに水利権問題（諏訪川関係）がからみあい、ついには補償取得を主張する耕作者の堰占拠にまで発展した。この事件の結末は、後述の福岡地裁大牟田支部昭和二五年(ワ)第四二号損害賠償請求事件判決に示されるとおりである。

（2）たとえば、平田慶吉・鉱害賠償責任論一二四頁は、「被害者は相当因果関係に立つ者である限りは、全部賠償権利者であることはいうまでもない。財産上の被害者たると、非財産上の被害者たるとを問わない。又財産上の被害者にあっては、その動産・不動産の所有者たると、用益物権者、用益債権者たるとを問わない（国がその公有に属する河川、道路に付て賠償権利者であることは何等疑がない）」としている。同趣旨、小野譲次郎・前掲九五頁以下。

（3）吉岡卯一郎・炭田地帯に於ける農地改革上の諸問題三四頁以下、同「鉱害賠償規定の具体性」（私法第一一号）五五頁以下。なお関係庁の指導要綱としては、福岡県昭和二二年鉱山地帯に於ける農地制度改革に対する指導要綱、同県昭和二五年鉱害指導要綱など。次に、その一例を示そう。

昭和二五年「鉱害補償を伴う鉱害小作地の鉱害補償並に小作契約について」（福岡県指導要綱）

（1）鉱害農地に対し、鉱業権者が年々行う補償金は作者に対する補償とする。

（2）鉱害小作地における作物に対する鉱害補償は小作農が受取る。

（3）鉱害を受けた小作地の所有者は当該農地の鉱害を受けなかった状態における普通の小作料を受領す

る。

以下略。

（4）福岡地裁大牟田支部昭和二五年(ワ)第四二号損害賠償請求事件判決理由、「補償契約は、原告等の主張するが如き原告等耕作者の委任を受けた関係地主が会社と耕作者の鉱害補償請求権のみを対象として取極めたものでなく、又被告の主張するが如く土地所有者の有する鉱害賠償請求権及び水交換料請求権のみを目的とするものではない。寧ろ関係土地所有者と同会社間に締結せられた第三者たる小作人のためにする契約を包含した特殊の契約である。そこで原被告間の前記支払金の配分に付判断すると、証人前川勝次及び被告本人の各供述に原告等が本件訴訟提起までまだ一回も被告に対し鉱害賠償金の引渡を要求しなかった事実を総合すれば、原告等は、本件小作契約締結当時、被告が将来当該小作地に関し会社より受取る鉱害賠償金は全て被告に於てこれを取得し、原告等は何等の要求をしないことを特約したことを認むるに足る。以上述べたる所により、原告等は、被告に対し、鉱害賠償請求権を有しないことは明白であるから、爾余の争点を判断するまでもなく、原告の本訴請求を理由なきものとして棄却した」となっており、原告（小作人側）の賠償権利者たることを否定している。なお、この判例について、吉岡・前掲五七頁は「右によると賠償請求権者を地主と認めている。もっとも、判決理由に明かな如く、特殊の契約に基くものとして処理されているが、賠償請求権者を当事者の契約に委ねた事件として注目すべきである。かような場合鉱業法第一〇九条に被害者が明定されていれば、それによる判断が容易であろう。しかし炭田地帯における賠償請求権の輾転譲渡が普遍化されている実状には頗る反する。かように契約だけで問題を処理すれば、右の如き場合小作人は減収補償を将来に向っても永久に請求することをなし得ないこととなり、特約さえあれば地主は敢えて小作人を抑圧することができることとなる。鉱害が生産力の破壊だとする視点からすると、当を得ない判決として諒解し能わざるものである」としている。

第二項　賠償権利者と耕作者補償慣行

一　小作農地鉱害の賠償取得者をめぐる補償慣行は、一般に、(イ) 地主のみ取得者たる地主補償制、(ロ) 地主・耕作者ともに取得者たる地主・耕作者補償制、および、(ハ) 耕作者のみ取得者たる耕作者補償制の三つに分類することができる。そして主として、第一の地主補償制は戦前の、第三の耕作者補償制は戦後の、また、第二の地主・耕作者補償制は、地主補償制から耕作者補償制への過渡的存在としての、各補償慣行といいえよう(1)。

以上の各補償制についてそれぞれ言及することは、とうてい不可能である。そこで、ここでは、一例として、地主補償制から地主・耕作者補償制へ、そして更に耕作者補償制へと進んでいった鞍手郡古月村における補償慣行の発展過程を取りあげ、それをとおして、事実としての賠償取得者、および、その推移を知ることにしたい。

二　鞍手郡古月村は、筑豊炭田の中心地方飯塚・直方地区のやや北部に位置し、いわば同炭田中の典型的鉱害農村である。昭和二九年現在総戸数九〇〇戸、同じく総人口数約四、六〇〇人で、そのうち、ここで問題になる農業関係は、農家戸数三五〇戸、農業人口二、一〇〇人となっており、したがって、総人口の約半数が農業関係者である。その他は、主に炭鉱労務者であって、一部分、北九州工業地帯などへの通勤労務者となっている。次に、耕地関係についてみれば、この村の総面積は、約八・四二平方粁で、その主な地目別土地面積をみると第八表のとおりとなる。この第八表をみてもわかるように、本村の現存経営耕地面積は、田約一五九町歩、畑二五町歩、計一八四町歩である。この耕地面積を昭和四年の田三〇九町歩、畑六七町歩、計三七六町歩に比較すれば、水没・減収を合わせて約半減したことがわかる。いうまでもなく、これは、鉱害によるものである。しかもここでは単に経営面積の縮少を示すだけだが、さらに加えて土地生産力の減退がある。

第九表によると、最近一〇年間において、生産数量は、五、〇七三石から、その半ばに達しない二、〇五一石に減少している。このはげしい生産力の破壊は、すべて鉱害によるものとはいえないまでも、その要因の大部分であることは否定されないであろう。

次に、農家の農業専業兼業別および規模別をみると、第十表のとおりである。もちろん、これらは現

〔第八表〕

	面積別	鉱害地
田	358.5町	220.2（無） 93.5（減）
畑	52.9	
山林	91.9	
原野	18.5	
池沼	1.5	
雑種池	6.5	
宅地	98.9	

〔第九表〕

年度	作付面積	総収量
昭和15	267町	5,073石
16	255	4,950
17	231	4,158
18	214	4,645
19	212	3,875
20	203	2,392
21	197	3,758
22	163	3,476
23	163	2,273
24	161	2,059
25	160	2,050
26	160	2,054
27	159	2,051

〔第十表〕

	総　数	専　業	兼　業	
			第一種	第二種
総　　数	331	72	47	212
3反未満	46	3	1	42
3反～5反	50	6	3	42
5反～1町	113	19	19	75
1町～1.5町	53	12	13	28
1.5町～2町	41	19	5	17
2町～5町	7	5	——	2
5町以上	1	——	1	——

在すべて経営されているわけではなく、大半は前述のように、鉱害により無収田、減収田となっている。これらのうち自小作別農家数をみると第十一表のようになる。これを被害前の昭和三年と比較すると、当時は文字どおりの小作ないし自作型農村であったが、農地改革後の今日は、かなり自作が多くなっている。しかし、それにもかかわらず現在なお、小自作ないし小作が約三〇%を示していることは注目されてよいであろう。この小作の多いことが後述するように、鉱害賠償をめぐる、いわゆる耕作者補償慣行を生むにいたった主要な原因となるのである。

この村における地下石炭採掘による地上農地の変化はすでに大正九年頃から始まるが、この被害に対する賠償としての補償が、いつごろ開始されたかは、あまり明白ではない。一般には大正一四、五年頃から、いわゆる見舞金(2)といわれるものが、加害者炭鉱から支払われたようである。もちろん、当時の鉱害は軽微であり、したがって、見舞金も僅少であることは当然である。しかし、やがて鉱害が拡大するにつれて、一方においては鉱業権者と被害者との補償をめぐる紛争を生み、他方においては、その補償金の取

〔第十一表〕

年次	自　作	自小作	小自作	小　計	計
昭３	56	205	不明	82	343
昭21	108	40	44	192	384
昭22	100	53	71	115	339
昭24	163	107	36	29	335
昭28	177	97	36	21	331

得をめぐって、地主・小作人間の抗争を生ずるにいたった。そして、この補償金をめぐる地主・小作人間の対立が「耕作者補償」慣行の直接的原因となるのである。

さきにも述べたように、鉱害の軽微な大正の末期においては、収穫量にもさまで影響なく、また地主・小作人間にも争いはなかった。しかし、鉱害のはげしくなる昭和五、六年に至ると、鉱害による減収は、直接、小作料に影響するようになり、しだいに、地主・小作人間の係争問題となってくる。すなわち、当時は、この村の主導権は地主層にあったため、地主によっては、例外的に小作料の減額を認めたものもあったが、もちろん、これは一般的でなく、反面、鉱業権者との補償交渉は、この地主層を中心とするものであったから、したがって、その結果としての補償金は、すべて地主の取得とされる、いわゆる地主補償制(3)であった。そのため、鉱害の拡大による農作の減収は、結局、小作人の生活を侵すこととなり、ここに小作人の補償獲得運動が起るのである。そこで、次に、この発展を、比較的事実の明白な同村Ｋ部落について みることにする。なお、以下述べるなかで、鉱業権者より被害者に支払われる賠償の基準は、農作の減収量を基本としており、したがって、いわゆる「年々補償」（第二節参照）を原則とするわけである。

Ｋ部落においても、昭和六年ごろには、補償金はすべて地主の取るところであった。しかし、鉱害が増加するにつれて、補償金をめぐる地主・小作人間の争がはげしくなり、また、地主によっては小作人にいくらか補償金を分配するものも出てきたので、この間の調整として、昭和一〇年に、地主・小作人間に次のような協定ができた。

昭和一〇年協定

三菱被害田補償ニ関スル協定事項

一、新無収田ニ対シ

小作人

（イ）年貢ナシノ作リ取リ

（ロ）耕助料　反当一俵

（ハ）離耕料　反当一俵

（ニ）其年度ニ於ケル裏作被害補償全額

右ヲ取得スル

地　主

（イ）三菱ヨリ受ケル附口米代金全部

（ロ）自作手当　反当一俵

（ハ）耕地整理費　反当一俵半

右ヲ取得スル

但シ被害田補償額ニ異動ヲ生ジタル場合ハ之ニ準ズ

二、無収田第二年度以降ハ地主ノ管理トス

三、被害減収田補償分率

小作人取得、表作四割五分及ビ裏作全部

地主取得、表作五割五分

以上三菱被害補償ハ根底ヨリ異動ヲ生ジタル場合ノ外此ノ協定ヲ守ルベキモノトス

右協定ス

昭和一〇年二月一九日

K区　地主、小作人

区長　氏名

仲介　氏名（四名）

地主　氏名（三名）

小作　氏名（四名）

以上は昭和一〇年協定の概略である。これによって、はじめて、補償金に対する小作人の発言権が得られたわけである。その主な点を指摘すれば、まず無収田（慣行上鉱害のため小作料以上の減収となった田をいう）については、無収第一年度にのみ小作人が関係することができ、第二年度以降は、すべて地主のみが取得することになっている。しかもその場合の小作取得分は、地主が第二年度以降の補償額と等しい五俵半をとるため、残余の二俵分にとどまる。これは、補償全額の六割六分を地主が取得し、残り三割四分を小作に与えていることになる。次に減収田（無収田にいたらない減収程度の田）についてみれば、その補償分率は、地主・小作人それぞれ五割五分対四割五分となっているが、これは正当小作料はそのままとしての分率であるから、いかに地主に有利であるかは説明するまでもなかろう。[4]

しかし、それまで、補償金を小作人に与えるか否かは、すべて地主の恣意によったものであるが、それをこの協定によって明文化したことは、ともかく小作側にとって、大きな収穫であった。

ところで、この協定についても、昭和一〇年以降、日本農業が受けつつあった大きな変動を背景として、その改訂が持ち出されねばならなくなった。[5]全国的規模において、米穀配給統制法（昭和一四年四月）、小作料統制令（昭和一四年一二月）、臨時米穀配給統制規則（昭和一五年八月）、米穀管理規則（昭和一五年一〇月）など一連の諸立法が制定されて、次の昭和一七年の食糧管理法への準備が進められていた。

小作料の低下傾向を基礎としながら、小作層が、その生産力においても次第に自作に追いつき、直接生産者の地位上昇、地主の後退の現象が現われることとなった。昭和一五年は、このような地主・小作人関係の変動の転換点を形成するわけであるが、その昭和一五年において、次のような協定が取りかわされているのは、興味深い。

協　定　書

K地区三菱炭坑陥落被害田補償金ヲ地主小作人ニ於テ按分スルコトヲ左ノ如ク協定ス

一、等級被害田

（イ）地主取得ノ分

其ノ田ニ対スル附口米及ビ三菱炭坑被害補償額ノ二割

（ロ）小作人取得ノ分

其ノ田ニ対スル表作補償額ノ八割及ビ裏作補償全額

二、新無収田第一年度

（イ）地主取得ノ分

其ノ田ニ対スル附口米及ビ補償額ノ内、耕助料反当一俵二斗、及ビ自作手当一俵、並ビニ裏作全額

三、無収田、第二年度以降

（イ）地主取得ノ分

無収第二年次、第三年次、第四年次、第五年次、其ノ田ニ対スル自作手当一俵ヲ引キタル残額

第六年次以降ハ地主・小作人トノ関係ヲ解消シ、三菱炭坑補償金全額ヲ取得ス

（ロ）小作人取得ノ分

無収第二年次、第三年次、第四年次、第五年次、其ノ田ニ対スル補償額ノ内自作手当一俵及ビ裏作補償全額
四、陥落三等被害迄ノ田ニ対シテハ凶作ニテモ附口米ノ差引ナシ
五、小作田ハ特別ノ事情ナキ限リ地主ニ於テ引揚ハナサズ
六、小作田ノ名義ハ変更セズ
七、現作人ニ交附スベキ補償金ハ区事務所ニ於テ配布ス、但シ小作米ヲ完納セザルモノハ区長ニ於テ保留ス
八、地主側ヨリ小作人側ニ金一封ヲ提供ス
九、実行年度　昭和一五年度以降

昭和一五年五月一九日

仲介人　区長（他三名）氏名

地　主　氏名（四名）

小作人　氏名（四名）

昭和一五年協定で、まず注目されることは、被害田は「特別ノ事情ナキ限リ、地主ニ於テ引揚ハナサズ」という原則が確立されたことである。すなわち、これまでは、当該農地が無収田になれば、地主が一方的に小作契約を解約し、農地を取りあげていたので、たとえば、昭和一〇年協定第三項のように無収第二年以降は、その補償について、小作人の介入の余地はまったくなく、したがって、小作人にとっては、きわめて不利であった。そこで、一五年協定は、原則として小作契約の解除を排除し、また、そ

の補償についても、少なくとも無収第五年次までは補償金取得を保障したのである。次に減収田についてみれば、これまでは正当小作料以外に補償の四割五分を地主が取得したのであったが、この協定では二割となった。また、自作手当一俵分が小作人の取得に移行している。

なお、本協定中で、最も注目すべき点は、第七項である。昭和一〇年協定においても、小作人の取得分は明文化されていたが、しかし、事実上補償金を鉱業権者から取得する者は地主であり、その地主から、小作人に補償金が支払われていたのである。したがって、その運営にあたっては、やはり、地主の恣意はまぬかれず、いろいろと問題があった。そこで、この一五年協定の前後から、鉱業権者に対する関係では、総被害者の代表としての交渉委員が交渉に当ることとなり、また、本協定に「補償金ハ区事務所ニ於テ配布ス」と規定することにより、部落的共同分配に改めた。すなわち、このことは、実質上、当該農地の賠償取得者が、漸次、地主から小作人に移行したことを意味するのである。[6]

小作人にとっては、無収田における補償金の取得が五カ年間に限られていること、あるいは補償分配比率につき、いまだ地主に相当な部分を残していることなどは、かならずしも満足すべきものではなかったかもしれないけれども、この協定は、戦前的小作料の支配する制約の中で、ともかくも、小作人の獲得しうべき最高の限界に達したことを示すものであろう。

ところで、その後、昭和一五年協定に定められた五カ年の小作人の補償金取得権が切れはじめるにいたり、農地改革による小作料の大幅切り下げともあいまって、補償金についての地主・小作人の取得分を再調整しようとする動きが現われてきた。

かくて、昭和一五年協定を破棄し、新協定を締結しようとする小作人側の要求と、もはや小作料収入に頼れなくなった地主側の補償金を確保しようとする意図とが衝突して、小作争議をひきおこすにいたったのであるが、この争議の結果としてできあがったのが、次の昭和二二年の協定である。

昭和二三年協定

協　定　書

古月村K部落ニ於ケル三菱炭坑、陥落被害地ノ地主・小作関係ヲ左記ノ通リ協定スル

記

一、減収田ニ対スル炭坑ヨリノ補償金ハ昭和二一年度ヨリ全額小作人ガ之ヲ取得スル

二、昭和二四年度以降ノ無収田ハ小作人ノ耕作権ヲ確認シ、且之ニ伴フ炭坑ヨリノ補償金ノ内地主ノ取得スベキ正当小作料ヲ差引キタル残額ハ小作人之ヲ取得スル。但シ昭和一四年度無収田ノ内七筆ハ地主側ノ詮衡ニヨリ前記協定ヨリ除外ス

三、昭和二三年七月一五日協定ニ基ク関係田ニシテ、昭和二二年現在ニ於テ地主ガ耕作シテイルモノハ、収穫物ハ地主が取得スル。炭坑ヨリノ補償金ノ内、地主ノ取得スベキ正当小作料ヲ差引キタル差額ハ小作人之ヲ取得スル

四、前記ノ協定ニ基ク小作人取得ノ被害補償金ハ昭和二一年度ヨリトス

諒　解　事　項

一、昭和一五年協定書ハ之ヲ破棄ス

二、今後ニ於テハ過去ノ行キガカリヤ感情ヲ捨テ心機一転、部落協同本精神ニ立脚シ、明朗村建設ニ相互積極的ニ協力スル

右ノ通リ協定シ、即日実施スル。本協定書ハ地主、小作、仲介者、各一部ヲ保持シ後日ノ証トスル

昭和二二年七月一五日

地主　氏名（三名）

小作　氏名（三名）

仲介　氏名（三名）

この二二年協定が成立するまでには、かなり地主・小作人間の抗争があったようであるが、結局、農地改革に伴う地主・小作人間の「力」関係の変動は、この協定を成り立たしめるのである。それだけに、ここでは、小作人の立場が、きわめて強化されている。

昭和一五年協定は、一応、小作人の補償取得を確立したのであるが、なお、その分配比率・取得年限などの点において問題を残していた。そこで、二二年協定では、主として、これらの点について改正を加えている。まず、減収田についてみると、減収田補償に、全額小作人のみが取得することになった。昭和一五年協定では、減収田補償における地主・小作人おのおのの取得分は、たしかに小作人優位に決定されてはいたけれど、それは、昭和一〇年協定のところでも述べたように、小作料とは、まったくの無関係においてであった。そのため、これまで、地主は、正当小作料以外に、なお、いくらかの補償金を取っていたのであるが、農作物減収補償のもとにおいて、地主が、正当小作料以外になお、いくらか

の補償金を取ることは、結局、小作人の本来の補償分――すなわち耕作権侵害賠償分――を侵すことであった。そこで、二二年協定では、減収田補償は、すべて小作人のみが取得することとしたのである。このことは、無収田補償についても同様である。無収田については、これまで「特別ノ事情ナキ限リ地主ニ於テ引揚ハナサズ」となっていたが、その補償金は、五カ年の条件つきで小作人に認められていたのである。したがって、実質的には、無収田となって五カ年すれば解約されたと同様であり、補償のない耕作権は鉱害村では無意味であった。その反面、補償があるかぎり、たとえその農地が水没地であっても意味をもつのであり、鉱害村における耕作権の確立は、いいかえると、小作人の無収田補償の確立であった。その意味から、この二二年協定をみると、まず、昭和二四年以降の無収田については無条件に耕作権が認められており、また、その補償についても、「正当小作料ヲ差引キタル残額」をすべて小作人が取得すべきものとされ、ここに小作人の、いわば半永久的な補償取得――すなわち実質的な耕作権の確立――が成立したのである。

この二二年協定は、いわゆる「耕作者補償制」の確立と呼ばれるものであるが、その内容を要約すれば、減収田・無収田を問わず、小作人は、地主に常に正当小作料を支払い、減額請求権を行使しないが、そのかわり、当該農地の賠償取得者は、すべて小作人とするということである。すなわち、かかる関係を維持することにより、農作物減収補償のもとにおいて、少なくとも地主に対するかぎり、小作人の耕作権に対する侵害の賠償をより完全に実現しようとするのである。

（1）この賠償取得者の慣行分類は、主として時期的に取りあげた一般的傾向である。したがって現在でも、地主補償制、地主・耕作者補償制などが皆無というわけではない。筑豊炭田は、一般に、田川地区、飯塚地区、大牟田地区の三地区に分類される。そして、耕作者補償制が、もっとも早くから実施されたのが田川地区であり、つづいて飯塚地区となっており、他方、問題の提起の所でも指摘したように、大牟田地区では、なお地主補償制が支配している。なぜ、かように、各地区で賠償取得者が異なるかは、今後の課題といわねばならないが、その根拠の一つとして次のことが指摘される。たとえば、大牟田地区を例にとると、この地区は、海底採掘を主とするため、農地鉱害が量的に少ないこと、従来、自作が多く、地主・小作関係が少ないこと、附近に工業地帯が多いこと、などの理由から、ここでは小作者の農地、ないしは鉱害賠償金への依存度が比較的僅少となっている。これに対して田川地区、飯塚地区は、まったく対照的関係に立っており、したがって、また、早くから耕作者補償制ともなったわけである。なお、現在、地主・耕作者補償制の存在する地区は、飯塚地区、大牟田地区の各一部のみである。

（2）従来、鉱害賠償金は、一般に見舞金ないし迷惑料の名目で支払われる場合が多かった。これは、たんに古月村のみならず筑豊炭田一帯の傾向といえよう。そして、かかる名目からも、制度以前の、いわゆる慣行補償の性格が、いかなるものであったかは、ほぼ推測されよう。すなわち、これらの名目は、特に加害者において好んで用いられたのであるが、そのことは、かかる名目による金銭の支払が、結局、鉱害に対する義務としてではなく、いわば贈与ないし恩恵として与えられること、および、それをさらに被害者にまで認識させようとするものであったことを意味している。当時の賠償について、沢村康・福岡県に於ける炭鉱業に因る被害の実状調査三六頁は、「我が鉱業法は鉱業権の行使に依って生ずる土地所有権、其の他の権利に及ぼす損害に付て何等特別の賠償規定を設けて居らず、従って苟くも補償に関する紛争を徹底的に解決し様とすれば多額の費用と多くの日子を必要とする民事訴訟に依らねばならぬが、如斯きは到底大多数農民を以て成る被害者のよく為し得る所でないことは明らかである。故に嘗ては本県に於ても多くの炭坑主の中には此の現行法の不備に乗じて、其の与えた損害に付いて何等賠償の途を講じないで冷然たるものが少なくなかったし、又被害者が事を法廷に持ち出した例も甚だ尠く、多くは泣寝入りに終ったのである」としている。なお平田・前掲書六一頁以下参照。

（3）慣行上、地主のみ補償取得者となるものを地主補償制と呼んでいる。しかし地主補償制には他の一面があることを注意しなければならない。すなわち、一般に地主補償制は、その地区での支配層が地主となっている場合に多いわけであるが、そのことは、鉱害による農作減収に対する小作人の小作料減額請求権をも有名無実ならしめるのである。したがって地主補償制のもとでは、従来、小作人は、鉱害補償も、小作料減額請求権もともにないわけで、そこでは、鉱害がいわば二重に小作人を苦しめていたことになる。そして、鉱害が拡大して耕作不能化した場合、加害者なり、地主なりから離作料が支払われるようになるまでには、多くの年月と、闘争があった。それらの発展の一部が、本文の各協定でもある。

（4）この五俵半という数次は、昭和一〇年協定の第一項の新無収田についての地主の取得分であり、すなわち、附口米、自作手当、耕地整理費の総和である。したがって附口米（小作料の意味で、当時の古月村の平均小作料は三俵）三俵、自作手当一俵、耕地整理費一俵半で計五俵半となる。なお、参考のためにその後の古月村における農地鉱害賠償基準（三菱鉱業新入鉱業所関係分）を、次に示そう。

補　償　基　準

一、表作補償

（イ）無収田補償

新無収田（無収田化したその年の田）

耕地整理地　七俵（二石八斗）

未整理地　六俵（二石四斗）

旧無収田（第二年次以後の無収田）

耕地整理地　五俵半（二石二斗）

未整理地　四俵半（一石八斗）

（ロ）減　収　田

一等被害　三俵（一石二斗）
二等被害　二俵一斗（九斗）
三等被害　一俵一斗五升（五斗五升）
四等被害　二斗五升
五等被害　一斗五升
六等被害　一斗
（ハ）裏作補償
新冠　麦三俵
旧冠　麦一俵に二〇％増
（ニ）苗代補償　米四俵半

（5）都留大治郎「鉱害村の生態」（福岡県鉱害問題調査報告第三号）二九頁参照。なお、当時の実状について同頁は、「従来補償金を小作にも与へるか否かは、全く地主の恣意によったものであるが、それを明文化したのはともかく小作側にとっては大きな収穫であった。然しながら補償金を受けとるものは直接には地主であり、地主の手を通して小作側に渡された。その為補償金を左右する事実上の権力は地主に依然存した。小作料未納の小作者の補償金は当然地主が押へる事になるし、又地主の異常の失費等の事があれば、その家計補充となって、小作者の手元迄は行きつかない事実もあった。ともかく一応明文化した此の地主、小作の取分の比率も、個々の地主と小作者の関係になると、地主の圧力の為に空文化する危険は多々存したわけである」としている。

（6）従来、古月村のみならず一般鉱害農村を支配する炭坑よりの補償基準は小作料であり、したがって、地主も自作者も同率の補償であった。

しかし、加害者との交渉に際しての組織や団結の強化等につれて、農民の補償要求の運動が活溌化し、炭坑との交渉過程に自作者が現われてくると、当然、そこに地主と直接生産者としての自作者との補償差が要求されることになる。この補償差として出てきたのが、自作手当である。しかも、昭和一五年協定では、この自作手当を小作人も取得することになったが、これは、自作者と同様に、直接生産者としての小作人の地位が、地主のみならず鉱業権者に対しても、一応確立されたことを意味する。なお、これについては、都留・前掲書三〇頁参照。

第三項　小作農地鉱害と賠償権利者

一　以上から、一般的にみて、事実としての小作農地鉱害の賠償取得者は、地主補償制から耕作者補償制に転化していることを知る。そして、現在、支配的となりつつある耕作者補償制は、前掲協定書からも推測されるように、結局、鉱害にあたって、耕作者のみを賠償取得者とすることにより、鉱害により生活を脅かされる耕作者の、耕作権侵害に対する賠償を、少なくとも地主に関するかぎり完全に実現しようとするものにほかならず、それがまた鉱害村における、実質的な耕作権の確立を意味することにもなるのである。(1) したがって、これらの点を根拠として、さき程の耕作者説、さらには関係庁の指導要綱ともなったことは、一応理解されるわけである。しかし、反面、このことから直ちに小作農地鉱害の賠償権利者を耕作者と解釈するについては、いささか疑問をいだかざるをえない。その理由は、耕作者補償制における地主の地位、特に鉱害賠償上の地位からである。

二　たとえば内容の明白な、鉱害により収穫皆無となった無収田についていうと、さきの古月村の二二年協定をみてもわかるように、「炭鉱ヨリノ補償金ノ内地主ノ取得スベキ正当小作料ヲ差引キタル残額ハ小作人之ヲ取得スル」と協定しており、直接の補償取得者は耕作者だとしても、現実に耕作者が取得するのは差引きたる「残額」であって、その他は、「正当小作料」の名目のもとに実は地主の取得分となっているのである。

ところで、従来、農地鉱害補償慣行において、地主の土地所有権侵害に対する賠償はどうかといえば、すべての地区において、いわゆる年々賠償を前提として、その農地の平均小作料が正当賠償範囲とされている。これは、さきの古月村の昭和一〇年協定前後の地主補償制、あるいは現在唯一の地主補償制をとる大牟田地区の補償内容をみても明らかである。したがって、この補償慣行を前提とすれば、鉱害による収穫皆無の無収田における正当小作料は、実は地主の土地所有権侵害の損害賠償分に相当し、したがって、また、「差引キタル残額」こそが、本来の耕作者の耕作権侵害の損害賠償分ということができる。もちろん、以上は、地主・耕作者間の関係についてみたものであるが、もともと問題は賠償である。したがって、これを対加害者との関係において考察すると、耕作者のみが賠償取得者たること、しかも、その賠償が、以上のように耕作権侵害分以外に、土地所有権侵害分をも含んでいることになる耕作者補償制――古月村昭和二一年協定――は、そこに、地主・耕作者間の明示、黙示の賠償金取立て事務委任契約、ないし賠償請求権移転契約の存在を構成しうることにもなるのである。

三　そこで、もし耕作者補償制について、以上のような考察が許されるなら、この耕作者補償制は、さきの第一説の地主・耕作者説と必ずしも矛盾するものではなくなる。そして、矛盾しないばかりか、耕作者補償制において、耕作者のみが唯一の賠償取得者たりうることは、小作農地鉱害の賠償権利者を、地主・耕作者の両者と解することを前提として、初めてなり立つことになるのである。すなわち、その成立過程からして、耕作者補償制は、小作農地鉱害における賠償権利者が、地主・耕作者の両者であるということの鉱業損害の特殊性、および被害物権の特殊性に基ずくいわば現実的発展形態といえよう。(3) したがってまた、通説と同様に、小作農地鉱害の賠償権利者は、損害の存するかぎり、地主・耕作者の両者と解されることにもなるわけである。(4)

（1）　耕作不能となった鉱害農村において、耕作者補償制を実現することが、実質的な意味での耕作権の確立となることは本文に述べたとおりであるが、反面、このことをめぐって提起される問題の一つに農地改革がある。すなわち、当時の自作農創設特別措置法によると、以上のような意味を持つ鉱害小作農地も、その大部分は、いわゆる買収しない農地（第五条七項）に入る可能性が大きかった。したがって、自作農創設特別措置法を、そのまま鉱害農地に適用することは、とうてい認められるところでなく、結局ここに実質的な同法の運用が期待されることになった。たとえば、福岡県における農地制度改革に対する指導要綱は、その適例であろう。次にその全文を示そう。

鉱山地帯に於ける農地制度

改革に対する指導要綱

一　鉱害地

（一）　不毛田

買収の対象としない

（二）　著しい減収地（供出の対象とならない減収地）

第五条第七項に該当するものと認め不毛地と同様に扱う

（三）　減収地及鉱害予定地

第五条第七項に該当するものと認めるも市町村農地委員会に於て相当と認め買収計画を樹てる場合は左の

基準に依る

イ　炭坑所有地の場合は買収時期の被害程度に於ては買受者は補償の要求をなさない。但し其時期以上に陥落に依り被害の進行した場合は炭坑側は買受人との協議に依り補償の額を決定する

ロ　炭坑以外の所有に係るものに就ては前項に依る買収は公定価格を以てし補償は従前の通り炭坑側より耕作人に支払う

ハ　市町村農地委員会に於て鉱山所有のものに対し令第八条の認定を為す場合は県農地部を通じて鉱山、九州地方商工局、九州石炭鉱業会等に資料を求め之に依り決する様取扱う。個人所有のものに対し委員会に於て必要と認める場合又同じ

二　炭坑の自給農園

(一)　既耕地の場合

イ　炭坑の営む耕作の業務の適正なものは買収しない

ロ　真に自給農園の実体を具えたる職員従業員の厚生農園は農業会又は市町村農地委員会の管理地として家庭菜園を認め耕作者の退社離山等に依る新耕作者の決定は農業会又は市町村農地委員会と炭坑との協議に依て決する

(二)　開墾地の場合

イ　社有に係る集団開墾地にして職員従業員の福利厚生的見地に基づき耕作しつつあるものは買収を差控える

ロ　社宅又は荒蕪地、山林を開墾せるもの亦同じ

ハ　前二号のものと雖も、開墾後相当の年数を経過して実質に於て既耕地と認められるものは、既耕地の場合に於ける取扱いとする

(三)　自給農園に準ずる諸施設

予備苗代田は耕作者の共同経営に移し、鉱害基準田は必要限度のみ之を買収より除外する。但し適正でな

いものは買収する

三　事業用地

社宅敷地、硬捨敷地、鉱山敷地等で現に事業に供しているものは買収より除外する

四　事業予定地

真に必要なるものは除外する

以　上

この指導要綱が作成・実施されるにあたっては、地主・小作者間および加害者炭坑と関係者間に幾多の紛争が起り、その一部は訴訟事件にまでなっている。鉱害農地の解放をめぐる興味深い事例といえよう。なお、この間の事情については、吉岡卯一郎「炭田地帯に於ける農地改革上の諸問題」二〇頁以下が詳しい。

(2) 花田・前掲書一二頁は、この点について「第一に述べたように『補償は耕地に』という考えは『補償は地主に』という考えを生ぜしめ、その事の当然の帰結として、補償を与える会社の側よりすれば、交渉の相手に地主を選ばしめるのであるが、亦被害者たる農民の側よりしても、会社と対等に『話し会い』の出来る有能の士を選ぶのであり、部落の代表者として顔役たる地主を選ぶのである。交渉を担当した『村の有志』とは殆んどが地主であった。地主の勢力が圧倒的に強い日本の場合特にそうであった。他方では鉱害による減収は先ず小作料の減免訴願となって地主の許に現われて来るのであり、地主はその減額部分の補償を炭坑に要求するという過程を経て、交渉が進行したのである。補償交渉の主要担当者が地主であったという事実は、小作料補償を支配的ならしめた第二の原因であった。地主の交渉の限界は小作料であったのであり、小作料部分が補償されれば彼の目的は達成されるのである」としている。

(3) 耕作者補償制が、小作農地鉱害の賠償権利者を、地主・小作者とすることの現実的発展形態なることを示す一例をあげよう。

住友忠隈鉱業所賠償案

（昭和二一年四月）

耕地の損害賠償の相手方は地主小作人何れを対照とする可哉

一　従来の例

地主を対照とし小作米を算定の基とし交渉し来った

二　最近の実状

最近の社会状勢反映し農民組合の活躍となり小作人は地主に変り賠償要求し来った

三　然るに土地の損害は所有者たる地主に作物の損害は作物の所有者たる小作人に各賠償すべきであると思われる

四　地主の損害に付て

（イ）　耕地に異状を来たし作物が減収するに至り土地の利用価値が低下したならば小作人は必ず地主に小作料の減額を要求する。この減額された損害につき責任を負わねばならぬ――土地の利用価値を表わしたものは小作料である

（ロ）　土地の損害を小作人に支払わざる理由は小作人は土地所有者から見れば土地の賃借人であり被害の第三者である。第三者を相手として話をすることは妥当でない。土地利用価値低下の問題に付ては地主小作人間で解決すべきである

（以下略）

（4）　現行法は、裁判所における訴訟による外、調停および行政官庁における和解の仲介（一二〇条以下）などによる解決を認めている。そこで、調停、および和解の仲介による紛争解決の場合には、耕作者補償制のごとき内容をもつ方法を採用することは、鉱害賠償の当然取るべき年々賠償、さらには因果関係確定の簡明化などの見地から望ましいことである。しかし、その場合には、常に加害者の賠償資力充分なることが条件とならねばならず、もし、そうでなかったら、かつての地主補償制の再現ともなるし、そこでは、むしろ耕作者補償制とは逆に、地主に対する減額請求を認めることの方が、耕作者にとっては有利となるからである。

第二節　鉱害賠償における賠償範囲

第一項　序　説

具体的な鉱害賠償責任の内容をめぐって、第一節の「賠償当事者の確定」について第二に問題となる点は、鉱害賠償範囲の確定である。

ところで、鉱業損害の、特に継続性、因果関係不確定性という特徴が、賠償当事者の確定を困難にしていることは、すでに述べるとおりであるが、同様なことは、賠償範囲の確定についてもいえることで、しかも後者の場合には、そのことが、よりいっそう困難なこととなっている。たとえば、損害が発生してから確定するまで数年を要し、しかも、その間、徐々に、急激に、さまざまな態様で変化していく鉱害損害の実態を想起するとき、その場合の賠償範囲の確定が、いかに困難な事柄であるかは、あまり、多くの説明を要しないところであろう。従来の学説では、損害賠償の範囲は、損害発生時における、加害行為と相当因果関係にある全損害であって、また、財産的損害の算定については、所有物の滅失の場合は滅失当時の交換価格、所有物の毀損の場合は、毀損当時の修繕料、または交換価格の減少を損害とするとなすのが通説であり、判例もまた、この立場に立っている。[1]しかし、かりに、このような通説・判例の立場に立つとしても、鉱害損害のような損害発生後、確定に至る迄数年を要する損害、また、その意味での継続的損害については、損害のどの時期をとらえて、損害発生時といい、また、滅失ないし毀損当時ということになるかは、かなり問題であろう。[2]もし、文字通りの損害発生時にとれば、とうてい賠償の確定は不可能といってよい。だからといって賠償の確定のしやすい損害確定時にとれば、損害発生後、確定に至る間の被害者の不利益は、不明確な存在となってくる。かりに、その不利益を損害確定時の賠償範囲のなかで考慮することにしても、すくなくとも、数年間、不安定ではありながらも存在する損害の賠償は請求しがたいこととなる。しかし、そのことは、たとえば、農地、[3]家屋、井水などの被害物権の場合には、直接、生活の基礎を犯すことにもなりかねないわけで、必ずしも妥当なこととはいえないであろう。日常生活をめぐって生ずる損害の賠償についてはともかく、鉱業損害のような継続的な損害の賠償については、従来の学説・判例の立場は、すくなくとも、そのままの形においては、あまり妥当性をもち得ないし、かなり検討を要するように思える。従来、鉱害賠償をめぐる、この種の問題は、しばしば社会問題にまで発展する場合が多く、したがってまた、改正鉱業法も、第一一一条において、特に「損害は、公正かつ適切に賠償されなければならない」と規定したほどでもある。[4]本節でも、第一節と同様に、この問題を、鉱業損害の中心であり、また、その他にも複雑な問題を内在している農地鉱業損害について考察してみたいと思う。また、その場合の考察方法についても、これまた、第一節と同様に、まず、実状において、この問題がいかに取り扱われ、また、どのように解決されているか、つまり、事実としての賠償慣行の発展・推移をたどり、そのなかに解決の糸口を見出だすこととしたい。

（1）この点について、たとえば我妻栄・事務管理・不当利得・不法行為（新法学全集第一〇巻民法Ⅳ）二〇一頁は、「相当因果関係とは、当該不法行為の行はれる場合に通常生ずるであらうと想像せられる範囲の損害のみを賠償せしめ、当該の不法行為に特別の事情が加はった為に生じた特殊の損害はこれを賠償せしめまいとするものである。畢竟現実の不法行為を定型化して一般に生ずる典型的な損害のみを賠償せしめんとするものである。社会生活に於て我々は一定の事実あれば通常生ずるであらうと考へられる結果のみを予想して行動するものであるから、その事実が他人に損害を生ずる場合にもその予想せられる損害のみを賠償せしむることが最も公平に適することは疑ない。これ相当因果関係説が損害賠償の範囲に関する通説であって、殆んど異説なき所以である」とされている。そして学説の多くは、民法第四一六条を不法行為にも適用している。たとえば我妻・前掲書二〇二頁、横田秀雄・債権各論八九九頁、鳩山秀夫・日本債権法（大正一四年版）七四頁、末弘厳太郎・債権各論一一〇九頁、三潴信三・債権法提要二三七頁など。なお、大正一五年五月二二日の大審院民刑連合部の判決（民集五巻三八七頁以下）は、民法第四一六条の規定は不法行為による損害賠償に準用すべきものとして、「民法四一六条の規定は共同生活関係に於て人の行為と其結果との間に存する相当因果関係の範囲を明かにしたるものに過ぎずして独り債務不履行の場合にのみ限定せらるべきものに非ざるを以て、不法行為に基づく損害賠償の範囲を定むるに就いても同条を類推して其因果律を定むべきものとす」としている（前掲・四二〇頁）。

（2）前註に掲げた各書の同箇所、特に我妻・前掲書二〇三頁、その他石田文次郎・債権各論講義三〇四頁、末弘厳太郎評釈「船舶売買に於ける履行遅延に因る損害賠償額の算定方法」（判例民事法昭和二年度）三五四頁など参照。

（3）わが国の農民にとって、土地が何物にも換え難い存在となっていることは、鉱害、電源開発、あるいは駐軍基地などにおける補償紛争が、よく示していると考えられるが、このことは、さらに賠償方法における原状回復要求にも通ずる問題である。第五章にも説明するように、たとえば鉱害に関していうと、被害者を中心とする「農民に土地を」の要求は、特別鉱害復旧臨時措置法、あるいは臨時石炭鉱害復旧法となって現われているのである(福岡県鉱害対策協議会・特別鉱害復旧臨時措置法の審議経過とこれが運動の概要、同・臨時石炭鉱害復旧法制定までの経過について各参照)。

(4) 加藤・上村・小林・前掲書二二五頁は、いわゆる鉱害の適正賠償規定について「鉱害の賠償は従来よりも徳義上又は慣習上諸種の名義で行われてきているのであるが、(イ) 鉱害賠償費は企業活動の面から見れば消極的な出費であって、企業主たる鉱業権者等は極力これを縮少せしめんとするに対し、被害者は金銭賠償を得てもなお被害前の状況を想起して不満を繰り返す等、賠償問題は、鉱業の実施上鉱業権者と地元とが最も尖鋭に対立するところであること、(ロ) 鉱害の発生が多くの場合時日の経過を要し、その間に自然災害、物件の自然老朽、天候、農民の勤怠による耕作の良否等が共働するため、真の鉱害の範囲及び程度についての判定が困難であること、(ハ) 原因たる作業と損害の因果関係についての実証的科学的な究明が不十分であること、等の理由によってその実情をみると、結局加害者被害者間における社会的・経済的な勢力関係や、加害者側における地元に対する政治的顧慮等、法律外的要素に左右されるところが大であり、結果的にみれば、賠償は或は不当に高く或は不当に低く、必ずしも適切・公正に行われているものとはいいえないので、新法では、まずこの賠償の原則を宣言したのである」としている。

第二項　農地鉱害賠償と年々賠償慣行

第一　農地鉱害賠償の概況・特徴

一　農地鉱害賠償の概況において、まず取りあげられるものは賠償方法の特異性であろう。

さきに鉱害は、鉱業に固有して、損害発生させる危険行為によって生ずる損害であることを指摘した（第三章第一節参照）。と同時に、鉱害（農地）は原因行為があってから、早くて一、二カ月、遅くて一年後に損害発生開始となり、その後徐々に、しかも不連続的に進行して、三、四年に至って始めて確定損害となる、きわめて特異な損害でもあった（第一章参照）。そこで、かかる種々の不確定損害を経て確定損害となる鉱害においては、そこに発生した全損害の範囲を一時に確定し、したがって一時賠償をなすことが、いかに困難であるかは、多くの説明を要しないであろう。かりに、被害農地の交換価格を損害算定基準として、損害確定可能な損害安定時に、当該農地の交換価格の差額を算出したとしても、それは、確定損害に対する賠償範囲ではあっても、不確定損害分をも含む全損害賠償範囲ではありえず、また、その範囲で、計算の基礎を損害発生時に置けば、それは過大賠償とならざるをえない。以上のことは原状回復方法を採用する場合でも同様であって、すなわち、原状回復可能な損害安定時に、原状回復賠償がなされたとしても、それは不確定損害分を含まず、したがって、また不完全賠償の非難はまぬかれない。かように、鉱害のもつ自然的特徴による賠償範囲確定の困難性は、毎年の農作を生活の手段としている被害者の要求ともあいまって、結局、金銭賠償を原則とする現行法の下で、一時賠償でなく、むしろ、その年度の当該農地使用・収益利益を基礎とした、きわめて現実的な年々賠償方法を現出させるに至っている。もちろん、かかる年々賠償方法は、現行法上違法と考えられるべきものではない。農地自体の交換価格を基本として一時賠償することも、また、その年次の農地使用・収益利益を基本として年々賠償することも、「収益価格が農地価格の基本的限界価格である」[1]という前提からすれば、同一のことを意味し、ただ、後者は、いわゆる資本還元がされていないということから、年々賠償という半永久的賠償となる点が異なる。

なお、後述するように、農地鉱害賠償においても、これまで一時賠償が皆無というわけではなかった。従来、主として大手筋炭鉱に採用されていた、鉱害農地ないし鉱害予定農地を、あらかじめ買収する買収補償制、および当事者の損害予定による打切補償制（第一一四条）などは、いずれも鉱害の賠償範囲確定の困難性を解決するものであったが、現在では農地法の制限などにより実施することができない（農三条）。

以上から、農地鉱害における事実としての賠償方法は、原則として、年々賠償なることが理解されるが、しかし、この原則は、現在では、主として、不確定農地鉱害、および鉱害復旧不可能農地鉱害において、最も支配的といわねばならない。その理由は、近時の特別鉱害復旧臨時措置法、臨時石炭鉱害復旧法の実施によるものであって、すなわち、これらの鉱害復旧法により、確定農地鉱害は、復旧可能なかぎり、すべて原状復旧なされつつあるからである。そして、さらに、この点について附言すると、もちろん、国家の介入による、これら鉱害復旧法による確定農地鉱害の原状復旧は、厳密な意味での鉱害賠償としての原状回復とはいいえないであろう。しかし、国家が介入することにより、加害者には金銭賠償を、被害者には原状回復を、それぞれ実現させようとするものが、各鉱害復旧法の実質的な内容であってみれば（臨五一条参照）、これら鉱害復旧法による確定農地鉱害の原状復旧も、被害者に関するかぎり、広義の意味で原状回復による鉱害賠償といいうるのである(2)。そこで、この意味からすれば、結局、事実としての農地鉱害賠償は、一個の損害でありながら、原則として、不確定鉱害賠償と確定鉱害賠償との二賠償によってなされており、不確定鉱害に対しては金銭賠償を基本とする年々賠償方法を、確定鉱害に対しては原状回復を基本とする一時賠償方法を、それぞれ指向するものということができる。

二　以上の事実としての農地鉱害賠償方法からも理解されるように、確定農地鉱害が各鉱害復旧法によって復旧されている現在、現行法が主として取りあげられる場合は、確定鉱害に至らない不確定農地鉱害及び復旧不可能農地鉱害についてである。そして、そこに妥当する賠償方法が金銭賠償を原則とする年々賠償方法であることは上述のとおりである。したがって、農地鉱害賠償の概況もこの不確定鉱害における年々賠償を中心に考察されねばならない。

ところで、年々賠償は、不確定鉱害発生時より、鉱害が安定して、復旧可能な場合は復旧完了時迄、不可能な場合は半永久的に、毎年次賠償されるわけであるから、賠償事務の複雑化はいうまでもないが、さらにその年度の侵害農地使用・収益利益、直接には農作物の減収を基本的な賠償範囲とすることになるので、次のような問題が起こる。

普通、鉱害農地は、耕作可能な減収農地と耕作不可能な無収農地とにわけられる(3)。まず減収農地についてみると、そこで賠償せらるべき基本的な損害は、通常、平均生産高から現存生産高を差し引いた、その年次の農作減収高であり、その他、原因行為によって特に生じた追加労働、追加費用等である。また、それらの損害をそれぞれ時価に換算したものが賠償額になることはいうまでもない。しかし、そこには次のような問題がある。一般に鉱害農地の農作物減収は、原因行為による場合が主であるが、そのほか、天候等の不可抗力や、当該農地に対する管理の良否に左右されることも僅少でなく、したがって、現実の減収のうち、どの部分が加害者の賠償すべき損害に相当するかは、きわめて困難なこととなる(4)。損害賠償の範囲が、原因行為と相当因果関係に立つ全損害といってみても、そこでは、相当因果関係として、いわば法的判断される因果関係自体が不明なわけで、この減収農地における原因行為と損害との因果関係の確定困難ということが、年々賠償を原則とする農地鉱害賠償の特異性であり、また問題点でもある。そして、現実においても、この点をめぐって多くの補償慣行が存在するわけである（本項第二参照）。

次に無収農地についてみよう。いうまでもなく無収農地は、一応、耕作不可能な農地であるから、収穫皆無ではあっても減収ということは起り得ない。したがって、ここでは、耕作可能な減収農地のように、原因行為と損害との因果関係の確定という問題はあまりない。しかし、そのかわり、無収農地には次のような問題がある。減収農地であれば、その農地の使用・収益利益の損失部分は、いちおう、減収という事実となって現われるから、その程度が確定されればよいわけであるが、減収という事実の起りえない無収農地においては、その農地の使用・収益利益の損失分は何であるかが考えられねばならない。たとえば、はじめて無収化した、いわゆる無収初年度の場合であれば、その使用・収益利益の損失部分は、収穫皆無によってもたらされる損害であり、逆にいえば、その農地の平均生産高であり、また、その生産高の時価が賠償額であろう。しかし、本来の意味における、まったく耕作不可能となった無収農地の場合には、その平均生産高が、そのまま使用・収益利益の損失部分となり、したがって、賠償すべき相当な損害の範囲とはならない。なぜならば、農地の平均生産高は、それに必要な平均生産費が投下された場合にありうるのであり、したがって、何ら手を加えない無収化二年次以後の、いわゆる無収農地においては、その平均生産高が、そのまま、使用・収益利益の損失部分であり、したがって賠償すべき損害の範囲とすることは不当となるからである。そこで、結局、無収農地における使用・収益利益の損失部分は、平均生産高から、なんらかの形の生産費を控除した部分ということができ、また、それが賠償すべき相当な損害の範囲となるわけであろう。

しかし、地代収益を目的とする地主の場合であればともかくとして、直接耕作者としての自作人・小作人についての、その場合の使用・収益利益の損失部分、すなわち、賠償すべき相当な損害の範囲の確定は、特に、わが国のように複雑な農家経営のもとにおいては、きわめて困難なことである。そして、この点がまた、年々賠償を原則とする農地鉱害賠償の特異性であり、問題点となるところである（本項第三参照）。

以上に述べたところから、年々賠償を原則とする農地鉱害賠償の特異性、したがって、また、中心的課題は、（イ）減収農地における減収と原因行為との因果関係の確定、（ロ）無収農地における賠償すべき相当な損害範囲の確定の二点にあることが明らかになった。そこで、これらの問題点につき、さらに、その実態を検討するため項をあらためて考察することにしたい。

三　なお終りに、現在、なぜ農地鉱害賠償において年々賠償が支配的であるかという理由を補足する意味をもかねて、以下、年々賠償以外の、部分的に行われている二、三の賠償方法について、その問題点を簡単に説明したい。

(1)　打切補償制　加害者が被害者に対し、現在の損害以外に、将来予測される損害をも含めて一時金を支払い、賠償を打ち切る旨を契約する方法であって、鉱業法第一一四条の損害賠償の予定に相当する部分をも含むものである。前述のように炭鉱地帯では、土地陥落による耕作地の減収・無収についての補償は、年々、その減収ないし無収分を補償するのが通例であるが、かかる年々の補償分についてその都度交渉決定する煩を避けるため、あらかじめ賠償額を予定し、一時に支払うことも少なくない。しかし、この打切補償によると、将来発生する損害については、現在の事実より判断するほかなく、そのため、予測以外に損害が拡大したときに問題が残る。鉱業法は、「その額がいちじるしく不相当であるときは、当事者は、その増額を請求することができる」と規定して（第一一四条二項）、その点の解決をはかってはいるけれども、鉱害一般に通ずる加害行為と損害との因果関係の不確定性によって、事実上、被害者の不利をもたらしている。そのためか、この打切補償は、最近、農地については少なくなり、主として山林・家屋等の鉱害補償について多くなっている。なお、この打切補償は、当事者間の一種の債権契約であり、したがって、加害者は、従来、被害土地・建物の譲受人には対抗手段がなく、いわば二重賠償させられる場合もあったが、現行法は新しく登録制度を設け、第三取得者にも対抗しうることとしている[5]（第一一四条二項）。

(2)　買収補償制　加害者が被害者に対して毎年補償することを不利・不便と考える場合、これを避けるため、被害物件を買い取る方法である。この買収補償は、農地については、現在では農地法の関係で不可能になったが、従来、特に大資本の炭鉱では、かなり利用されていた。農地改革途上問題になった、いわゆる社有田は大部分この買収補償の結果としてできた会社所有地（田）である。試みに一例をあげると、三井田川、同三池、三菱鯰田、同新入各鉱の農地改革前に所有していた社有田面積は、それぞれ、約一五七町、一四七町、四三二町、一八〇町で、しかも全被害田に対する社有田の割合は、三菱鯰田鉱で五七・四％、三井田川鉱で四四・九％となっており[6]、この数字からしても、従来の鉱害賠償における買収補償の位置は、ほぼ推測されるであろう。

(3)　復旧補償制　復旧補償は、いうまでもなく、加害者が費用を負担して、被害物件を原状回復――効用回復――することにより補償する方法である。一般に鉱害の進行が停止した場合、家屋・農地について行われることが多いが、鉱業法は、金銭賠償を原則としているため（第一一一条）、鉱業法による復旧補償は、あまり経費を要しない物件が主であって、復旧補償は、ほとんどが特別鉱害復旧臨時措置法または臨時石炭鉱害復旧法によるものである。従来行われた農地の復旧も、大部分は国庫補助によるものが多かった。[7] 以上の復旧補償の場合、復旧されるまでは、すべて、年々補償が行われることはいうまでもない。なお、この補償方法で問題になるのは、効用回復の程度であるが、この効用回復の判定は、技術的にかなり困難とされている。特に上述の復旧法は、復旧がなされて法定期間経過後は、鉱業権者の賠償義務が消滅することになっているため（臨七五条）、復旧農地の解放問題とともに、近い将来において、紛争の原因となることが予想される。

(4) 引受田補償制　加害者が被害地を地主から借地し、地主に対して小作料の名義で補償する方法である。この場合、加害者は、従来の、または、それ以下の小作料で、従前の小作人に又小作させるのが一般である。この引受田補償制[8]は、ある意味で年々補償ともいうことができるが、現在では畠作について若干行われているにすぎない。

(1) 花島得二・不動産評価の理論と実際八四頁以下。なお、このことは耕作権価格についても同様と考えられる（同書二六一頁以下）。その他崎山耕作「土地所有と土地価格」（経済学雑誌第二八巻三・四号）四五頁以下参照。

(2) これら復旧法について、我妻栄「鉱業法改正案における私法問題」（私法五号）八三頁は、「原状回復の問題は、国家の国土計画、ないし農地の維持・造成の問題として取り上げられねばならないものではあるまいか。かくいったとて、必ずしも費用をすべて国家が負担すべしというのでは決してない。ただ原状回復をかような観点から国家的事業として、それについての費用を各場合に応じて合理的に配分・負担させながら、国家みずからの立場から遂行すべきだといおうとするのである。とにかく、鉱害賠償――原状回復はかようにして、『企業者の無過失責任は、究極において、文明の進歩に伴い社会に生ずる不可避の損害をいかにして復旧してゆくかという、社会的立場から考えらるべき問題となる』という理論を示す適切な例となるのである」とする。

(3)　農地鉱害補償慣行としての、かかる減収農地、無収農地の区別は、さきに第一節の古月村における耕作者補償制のところでも簡単に述べたが、結局、鉱害程度によるのであり、逆にいえば補償上の区別ということにもなる。すなわち一定の最高補償額を超えた減収農地のすべてを無収農地というわけで、たとえば、古月村の例だと、減収農地の最高補償額は平均小作料と等しい一石三斗となっており、これ以上減収した場合は、たとえ現実に耕作可能であっても、補償上は耕作できない無収農地として取り扱うわけである。一般に農地鉱害では、小作料相当の減収程度をもって、減収農地、無収農地の判定基準としている(花田・前掲書五頁以下参照)。

(4)　減収農地鉱害における因果関係確定困難なる点について、筑豊四郡大手筋炭鉱起案・鉱害田地の適正賠償方法　の前文は、「現在各鉱山に於て行われております賠償方法は、稲作に於ては立毛審査によるものと不毛田を基準とし減収歩合を査定賠償する方法との二方法が行われていますが、何れも一利一害は免れない。立毛審査によると収量がハッキリしていますから、これを鉱害なかりし時の収量と対比すれば容易に被害による減収量を査定することができますが、人には粗作ということが考えられますし、又手入は各人が同一でない。同じ程度の被害田でも出来高は同一ではありません。天災と鉱害が競合した場合何程が天災で何程が鉱害によるものか、区別が判然とせぬ等の欠点があります。歩合制度によるときは被害者がまだ手入を加えない田植直後被害歩合を大体確定しますから以後被害者に於て行よれた手入による増収は鉱害に関係なく作人の取得となり増産に寄与することになりますから、今回我々は一斉にこの方法によることに致した次第であります。」としている。

(5)　この打切補償(第一一四条二項)に対して、我妻・前掲八四頁は、「打切賠償という呼称がわるいのであって、規定はそのような場合には、たとい予定賠償額の事前の支払と解し得るにしても、その額が不相当であれば、その変更を請求すると解すべきである。のみならず、承継人に対抗するためには登録を要求しているのだから、不都合はあるまい。いな、かえって事態を合理的に解決する面白い制度の創設だと思う」としているが、吉岡卯一郎「鉱害賠償規定の具体性」(私法一一号)五八頁以下は批判的である。次に古い資料ではあるが、打切補償契約の一例を示そう。

損害賠償に関する仮契約書

姪浜鉱業株式会社（以下単に甲者と称す）と姪浜町耕地整理組合（以下単に乙者と称す）との間に損害賠償に関し左記の条項を契約す。

第一条　甲者は福岡県採掘登録第八五八号鉱区中左記地域内に於て甲者の石炭採掘に起因し現に発生する一切の損害の賠償として乙者に対して金七千円也を左記方法（略）により甲者の住所に於て支払うものとす

第二条　本契約締結後前条在地に於ける甲者従来の採炭又は将来の採炭に起因し損害増大し又は新たなる損害発生するも其種類の如何を問はず乙者は甲者に対し何等要求をなすことを得ず。但し耕作全く不能に陥るが如き被害を発生したる箇所に対しては更に双方協定することあるべし

第三条　乙者は第一条表示の在地に付従来よりの耕作人其他の権利を有したる第三者又は本契約締結後該土地に付所有権其他の権利を取得したる第三者をして乙者同様前条義務を負担せしむる責に任ずるものとす

第四条　乙者が前条の義務を履行せざるときは甲者は第一条賠償金中未だ支払を了せざる部分に付之を支払うの義務を免れ乙者は甲者に対し何等要求をなすことを得ざるものとす

第五条　甲者は本契約の義務を履行せざるときは直ちに強制執行を受くるも異議なきものとす

右の通り仮契約の証として文書二通を作製し甲乙両者各一通を保有するものとす

大正一五年五月三一日

福岡県早良郡姪浜町四〇六一番地

姪浜鉱業株式会社　某

福岡県早良郡姪浜町

姪浜町耕地整理組合　某

（6）　花田・前掲書五四頁以下参照。なお、この買収補償に対して沢村・前掲書四三一頁は、「被害耕地に対する炭坑側の対策として被害耕地買収の方針を以て進むことは一時に巨額の費用を要することで炭鉱側としては少なからず苦痛を感ずる筈であるが、それにも拘らず本郡に斯かる方針を採る炭坑の少なくない所以は、或は坑

内の事情が上表水田の水引を不便とし、或は毎年補償するの煩を避ける等の事由にも依ること乍ら、其の主たる理由が、毎年補償をなしつつ然も最後に莫大なる復旧費用を負担するよりも、寧ろ被害耕地は之れを一挙に買収してしまった方が仮令一時は少なからぬ費用を要するとしても結局のところ炭鉱側としては甚だ有利であると言う点にあるのは疑ない」とする。

(7)　鉱害賠償制度以前においては、鉱業権者による原状回復も皆無ではなかった（沢村・前掲書四〇三頁、平田・前掲書七六頁）。したがって、これらの事実からすれば、現在のような国庫補助による鉱害復旧は疑問となるわけでもある（都留大治郎「鉱害の階級構造」〔九州大学経済学部三〇周年記念論文集所収〕二六頁以下）。次に当時の復旧補償の一例を示そう。

契　約　書

鞍手郡宮田村大字宮田字天王寺、上の段、宮田の前、樋口、弁島、三月田、手折、片鉾、小部地内石炭採掘の為め土地陥落に関し地主代表者某外三名と貝島鉱業株式会社桐野鉱業所長某との間に契約を締結すること左の如し

第一条　田地陥落の為め不毛地となりたるときは復旧工事の完成に至る迄一反歩に対し年々定免にて別表不表地附に米表に掲げたる附口米を支払うものとす。但大正三年に於て現に自作したる田地に対しては本文附口米の外一反歩に附更に一俵（一俵は三斗四升五合入りとす以下同じ）を増加するものとす。其自作田地の明細書は本契約書の末尾に連綴す

第二条　悪用水路、筧及畦畔等を新設したるものは其敷地に対し耕作不便の弁償米をも併せ壱反歩の附口米九俵の率を以て支払うものとする。但新設畦畔は其当年一回限り長さ一間（幅三歩）に付手間料として金七銭を支払うものとす

第三条　陥落地傾斜地の立毛差引は作主代表者と鉱業所長立会の上別表に定むる出来高表と対照し尚ほ不毛地附口米に定むる附口高に依り立毛あるものは相当歩合を定め差引きをなし立毛なきものは不毛地附口米に定むる附口米の全額を支払う。尚労働等に酬ゆる相当の弁償をなすものとす。但し旱害又は水害に対

しては附近一般差引歩合の五歩を本文差引歩合中より控除したる残額を支払い風害及虫害又は耕作人手入の不充分と認めたる場合は之に対する歩合の全額を本文差引歩合中より控除して支払うものとす

第四条　麦の蒔付をなしたる後に於て土地の陥落傾斜したる田地に対しては其初年に限り一反歩に付麦出来高四俵を標準として差引をなすべし

第五条　陥落傾斜の田地に対しては作主は充分の手入れをなすべきは勿論なりと雖も稲作の為め已むを得ず地直しの必要ある場合は作主代表者と鉱業所長立会の上其の程度を定め地直しをなすものとす

第六条　陥落地傾斜の為め耕作上用水の配給をなすこと能はざるときは鉱業所に於て之が相当の施設をなすべし。この場合に於て旧慣に依らざる施設をなすの必要あるときは地主と立会って之が設計をなし地主に於ては異議なく之を承認するものとす

第七条　陥落地の復旧工事適当の時期と認めたるときは地主と鉱業所長協議の上之れが工事に着手するものとす

第八条　第五条、第六条、第七条のに要する費用は総て鉱業所の負担とす

第九条　貝島鉱業株式会社が桐野鉱業所の経営を第三者に移転したる場合は本契約の各条項を第三者に継承せしむるものとす

第一〇条　本契約に関する土地所有者が所有権を他に譲渡したるときは本契約の各条項を譲受人に継承せしむるものとす

第一一条　本契約に依る補償米は総て地方時価に換算し通貨を以て毎年一一月三〇日限り支払うものとす

右双方合意の上後日に至り違背なき為本書二通を作り各一通を保有するものなり

大正四年三月

鞍手郡宮田村大字宮田四八三七番地

地主代表　某

外三名

鞍手郡直方町大字直方六一四番地
貝島鉱業株式会社桐野鉱業所長
某

（8）　この引受田補償は、従来は、かなり行われていたようであるが（沢村・前掲書四三一頁）、現在ではあまりみない。次に一例を示そう。

乾燥地賃貸契約書

福岡県田川郡後藤寺町大字奈良字下原某を甲とし、同県同郡同町帝国炭業株式会社起行小松鉱業所長某を乙とし左記の条項を契約す

第一条　甲は自家所有に係る左記の土地を乙に貸付し乙は之を借受け其の経営に係る炭坑々内の浸水予防の為乾燥田として借用するものとす

第二条　乙は借用地に対し借地料として一ヶ年一反歩玄米四俵を時価相場に依り毎年一二月に於て支払うものとす

第三条　甲は如何なる理由あるも契約期間中該土地に灌漑せさること

第四条　土地陥落其の他浸水の憂ありて相当防水設備を施す必要ある場合は乙は甲に協議の上其の承諾を得て之を施すこと

第五条　乙に於て土地返還の場合は契約当初の田面として返地すること

第六条　甲に於て該土地を第三者に所有権の移転を為す場合は本契約を継承せしむること

第七条　本契約は乙に於て必要とする期間存続す

第八条　本契約は甲乙双方共誠意を以て堅く遵守すること

右契約候事実正也而為後日本書二通を作成し各一通を所持すること

福岡県田川郡後藤寺町
大字奈良字下原　　　某

小松鉱業所長　某

第二　減収農地鉱害補償慣行

一　減収農地とは、鉱物掘採行為により、ある程度生産ないし生産力が低下するも、なお、現実に耕作できる農地(田)のことである。したがって、その賠償は、通常、当該農地の標準収量と実収量との差額、すなわち、加害行為によって生ずる農作の減収量を、基本的な補償範囲とするわけであり、そのほか、加害によって特に必要とされる追加労働、追加費用等が問題となる。(1) もちろん、原則として毎年次の農作減収量を賠償するわけであるから、いわゆる年々補償となることはいうまでもない。

ところで、さきの概況のところでも述べたように、減収農地補償においては、何を補償すべきかの補償範囲については、わりに簡単であるが、しかし、因果関係の判定には困難な問題がある。減収には、加害行為のみならず、その他、天候・自然災害・管理の良否などの幾多の原因が競合するからである。そして、この加害行為と結果との因果関係の不確定は、結局、現実にはいろいろの補償制ないし補償慣行となって現われ、また、結果的には、不適正な補償となる恐れが多い。(2) このように減収農地補償においては、その他にも問題はあるが、まず、因果関係の確定ということが中心的課題となるわけであって、そこで、以下では、主としてこの課題に対し、現実の補償が、いかに対処し、また、いかに解決しようと試みているか等について述べ、補償範囲ないし基準については必要に応じて取りあげ、最後に、図式により総括的に説明を加えることにする。なお、以下に示される各基準資料は、第三の「無収農地鉱害補償慣行」にも関係するものである。

二　現実の減収農地補償は、大別して、次の三つの方法に要約することができる。

(1)　見立補償制　現実の減収農地賠償方法の第一は、いわゆる見立補償と呼ばれるものである。これは、加害者・被害者両当事者立会の上で、立毛を審査して、その減収額を見積り、また賠償額を決定する方法である。主として、中小炭鉱で採用される方法であるが、しかし、現在では、よほど小規模の炭鉱でないかぎり、純粋に見立補償方法のみを採用しているところはないようである。いま、ややこれに近い平山炭鉱の例をあげよう。

米麦補償方法について

（平山炭鉱作成賠償基準案）

当平山炭鉱における米麦補償方法は、旧来の慣習方法そのままを踏襲し来り、その間係員の屢々なる交迭あり、現在に於ては不統一となり、基準不明となり居るを以て、改正に着手中なるも未だ成案を得る域に至らず、従来の方法につきて述べる。

（一）折衝方法

（1）各地区毎に交渉委員三―八名を選出させ、補償に関する交渉をなす。

（2）原則として個人交渉は認めず。

（3）田面植付並に収穫前の最少二回にわたり交渉委員と共に各地区毎に全被害地につき陥落状態、出来作柄等を立会調査の上見立により補償等級を決定す。

(二)補　償　額

(1)皆無作地補償　大体反当六―三俵の等級に分つ。

(イ)六俵補償のもの…植付・手入・施肥後、水没・枯渇等の原因により収穫皆無となれるもの。

(ロ)五俵補償のもの…水没・枯渇等の原因で植付不能となり代作不能のもの。

(ハ)五―三俵補償のもの…水没・枯渇のため米麦の植付不能となれるも外に替作可能にして替作をなせる場合は土地の状況替作等を考慮して三俵以上の補償をなす。

(2)減収田に対する補償

見立補償にして前述の如く、委員と現地立会調査の上、出来作に本人の手入・施肥其他を勘案し、各田につき補償額を折衝決定す。

(イ)皆無作にあらざるも被害相当大なるもの、反当四―一俵補償…各田につき反当補償量を折衝の上決定。

(ロ)被害やや少きものに関して等級により補償する。

A特等　二斗八升

B一等　二斗三升

C二等　一斗九升

D三等　一斗六升

E四等　一斗二升

(三)　賠償方法に関する意見

(イ)　見立賠償において折衝に最も困難を感ずるは天災による損害と鉱害賠償を如何に決定するかの点である。

(以下略)

これをみれば、見立補償の内容が、ほぼわかるであろうが、右の基準表の最後にもあるように、「見立賠償に於て折衝に最も困難を感ずるのは、天災による損害と鉱害補償を如何に決定するかの点である」。同じことは、その他の報告書にも書かれており、後述の筑豊四郡大手筋炭鉱起案の適正賠償方法にも、「立毛審査によると収量が、ハッキリしていますから、これを鉱害なかりし時の収量と対比すれば、容易に被害による減収量を査定することが出来ますが、人には粗作ということが考えられますし、又手入は各人が同一でない……天災と鉱害が競合した場合、何程が鉱害によるものか、区別が判然せぬ等の欠点があります」としている。結局、減収量そのものを測定するには、収穫直前の立毛審査が、最もよい方法であるが、そうして測定された減収量のうちには、鉱害による減収と、天災による減収と、粗作による減収とが混合していて、どの部分が、原因行為によるものであるかということは、見立補償では、判定困難ということになるのである。また、この方法のもとにおいては、政治的折衝がきわめて多くなるのは当然で、場合によっては、いわゆる鉱害ボスの活動ともなるわけである(3)。

(2)　歩合補償制　　減収農地賠償方法の第二は、いわゆる歩合補償と呼ばれるものである。これは、さきの見立補償における、鉱害減収を他の原因による減収から切りはなして、別個に判定することが、加害行為と損害との因果関係の不確定なため、困難であるという欠陥を補おうとするもので、結果としての減収量、すなわち損害よりも、むしろ、直接的原因としての農地の変形の程度それ自体より、補償額を決定しようとする方法である。いわば、減収という事実は、直接的には真の原因である加害行為による農地の変形によって導かれるのだから、その直接的な原因である農地の変形の程度から、結果としての減収を決定しようとするのである。いうまでもなく、賠償は、加害行為の結果に対してなされるものであり、その結果は、減収量を通じて現われる以外にはあり得ない。しかし、現実に現われる減収量のうちには、他の原因による減収が混合するため、本来の賠償されるべき減収のみを判定することができないから、逆に直接的原因の方を重視し、そこから損害を決定しようとする方法が出てくるわけである。この歩合補償(5)では、まず、収穫前の立毛審査を従ないし参考程度のものにして、植えつけ前の実地検分を主とする。そして、あらかじめ、田の各等級について、被害程度に応じた賠償歩合を作成しておき、実際に鉱害が生じたとき、それぞれのケースをこの基準にあてはめて、賠償額を決定するのである。

耕地鉱害賠償方法

（日炭遠賀礦業所作成賠償基準案）

Ａ　当所に於ては耕地の鉱害賠償は昭和一九年より次の賠償規定に則り之をなせり。

第一条　日本炭礦株式会社遠賀礦業所の鉱区内において鉱害により生ずる耕地被害につきては第二条以下の規定に則り損害を賠償するものとす。

第二条　耕地反当標準収穫高を左の通り定む。

新等級	旧等級	標準米収穫高	標準麦収穫高
80級以上	一等	玄米二石八斗	小麦二石〇斗
79 78 77級	二三四等	〃二石七斗	〃一石八斗
76 75 74級	五六七等	〃二石六斗	〃一石六斗
73 72 71級	八九十等	〃二石四斗	〃一石四斗
70級以下	十一等以下	〃一石六斗	〃〇石八斗

第三条　米は標準収穫高の五〇％を、麦は標準収穫高の四〇％を以て生産費とす。

第四条　不毛となりたる耕地に対しては標準収穫高より生産費を控除したる額をもって損害賠償額とす。

第五条　不毛地を利用するときは会社の承認を得るものとす。

第六条　作物減収をなしたるときは地元関係者及会社立会の上、左の項を勘案し減収率を定め、第二条による標準収穫高に準拠し損害賠償額を算定す。

（イ）陥落の程度

（ロ）標準収穫高に対する実収高との差

（八）生産費（肥料費・労働費・種子費・畜力費・材料費）の加減
（二）自然条件の競合
第七条　不毛田に対する賠償金は、地主に、減収田に対する賠償金は耕作者に支払うものとす。
第八条　略
第九条　略
B　賠償対象者
減収田　現作者を対象とす。
不毛田　最初の一年は耕作者、その後は地主を対象とし、耕作者の離作料その他については会社よりは一切支払をなさず当該地主と耕作者の間に於て適宜取極め解決される。
賠償歩合の決定
立毛の審査により歩合を決定す。審査の時期は植付直後並に収穫直前の二回地元立会の上で行い自然条件・肥料・手入れその他一切の鉱害以外の原因により生来せる減収を勘案し最も合理的な歩合の決定をなす。賠償の歩合は収穫皆無を一〇割とし以下被害の程度に従いその率を決定するものとす。

ところで、この方法では、さきに述べたように、あらかじめ鉱害歩合ないし補償基準を作成しておくのであるが、しかし、これらの基準は、結局、過去の実例から経験的に割り出すほかはない。しかも、その過去の実例は、いずれも、いろいろの条件の競合の結果として現われたものであって、そのかぎりでは、合理的とはいいえないものである。また、等級決定にしても、どの田が、どの等級になるかは、やはり政治折衝とならざるをえず、したがって、この方法も、第一の見立補償方法の欠陥から脱却したとは、いえないこととなる。

(3)　理論賠償制　　減収農地賠償方法の第三は、いわゆる理論賠償方法と呼ばれるものである。これは、加害者側では、別名適正賠償方法とも呼ばれていて、その目的とするところは、以上述べた、第一、第二の賠償方法のもつ欠陥を、さらに克服しようとするものである。この方法も、基本的には、第二の歩合補償と同様であり、したがって、結果としての減収よりも直接的原因である農地の変形ないし変化そのものから、賠償額を決定する点では変りないが、後述するように、その内容は、数段と理論的・合理的なものとなっている。

この理論賠償方法は、主として筑豊地区南部の大手筋炭鉱により提唱され、また採用されようとしているものであるが、次に、その要約を示そう。

鉱害田地の適正賠償方法
（昭和二二年七月四日）
筑豊四郡大手筋炭鉱起案

一、趣　旨

……現在各鉱山に於て行われております賠償方法は、稲作に於ては立毛審査によるものと不毛田を基準とし減収歩合を査定賠償する方法との二方法が行われていますが、何れも一利一害は免れませぬ……
立毛審査によると収量がハッキリしていますから、これと鉱害なかりし時の収量を対比すれば容易に被害による減収量を査定することができますが、人には粗作ということが考えられますし、又手入は各人が同一でない、同じ程度の被害田でも出来高は同一ではありません。天災と鉱害が競合した場合何程が天災で何程が鉱害によるものか、区別が判然とせぬ等の欠点があります。歩合制度によるときは被害者がまだ手入を加えない田植直後被害歩合を大体確定しますから以後被害者に於いて行われた手入による増収は鉱害に関係はなく作人の取得となり増産に寄与することになりますから、今回我々は一斉にこの方法によることに致しました次第であります。

田面補償要綱

補償の要素

イ・田畑の補償はその農地の年間に於ける生産の減退損失に対する補償を主標とする。

ロ・生産現物の補償は不能に付金銭を以て代替す。

ハ・之が補償額の基本算定は代表主穀たる米麦の収量を基本とす。

補償米　（表作補償）

補償米　（裏作補償）

之が補償には経営の減収補償と経営せざる不毛補償とがある。

補償の要素

米　迷惑補償　減収米
（畦畔料＋耕作不便料）＋（深水被害＋湿害＋耕土の移動減収）＋潰地料
麦　迷惑補償　減収
耕作不便料＋湿害＋潰地料
補償等差は田等級（賃貸価格）により七等級に区分する。
補償算定
被害の程度により一〇等級に区分する。
何等手を加えざる不毛田地の補償は平均収量より生産費を控除した利潤を補償する。要するに不毛補償額は総収益の米六〇麦二〇％利潤が限度となる。
実作せる減収田は不毛田補償以上の減収補償はあるべからず。従って不毛田利潤米六〇麦二〇％を基本とし逆下九等級とする。不毛田に代作ありたる場合は補償額より収益適正額を減額す。
査定の方法
被害の様相を勘案し不毛地を基準とし其被害の程度により等差を附す。
従って立毛は被害基礎とならずただ参考に資するのみ。
査定の時期
米は植付直後未だ手入の加わらざる時期を適用す。
何となれば此の時期が深水並傾斜の状態が判然する時期であるから尚其後の急変動は特にしんしゃく

される。

麦は春の過湿過乾ならざる時期に湿害調査をす。

尚畦畔による耕作困難は蒔付後適宜調査することとす。

上掲の補償基準により、理論補償制の内容は、だいたい明らかにされるであろう。その目的とすることは、さきの歩合補償制を、より完全に徹底させることである。すなわち、前述の歩合補償制では、直接的原因である農地の変化は、きわめて一般的なものだけしか取りあげていないが、ここでは、農地の変化のあらゆる場合、たとえば、深水・湿害・傾斜・耕地の移動などが考えられており、しかも、その個々の補償基準設定については、歩合補償制と違って、過去のまちまちな実例だけでなく、試験場の実験結果とか各種の官庁資料等を参考にしている。以上の方法は、また、追加労働・費用等の補償についても同様であって、ここでは迷惑補償の名義で、その細目である畦畔料・耕作不便料の各補償基準から決定されている。要するに、この補償制の特色は、できるだけ結果としての減収から、直接的原因としての農地の変化・変形を切断して、農地の状況、すなわち農地の傾斜・深水・湿度などの程度から、いわば自動的に損害額を決定することができる点であろう。その結果、「したがって、立毛は被害基礎とならず、只参考に資するのみ」となって、立毛検査ないし政治的折衝は、最高度に縮小されることになるわけである。

以上、減収農地補償における因果関係の問題をめぐって、三種の補償制を見たのであるが、これは、いわば基本型であり、したがって、実際には、純粋に一つだけを採用している例は少なく、三つのものを適宜に組合せて賠償額を決定するのが普通である。ただ、一般的にいって、特に大手筋炭鉱においては、次第に第一、第二の型から第三の理論補償制に移行し、統一されているようである。

三　おもうに、この最後の理論補償制は、いわば減収農地賠償の進むべき一つの方向を示しているといえるであろう。すなわち、結果としての減収に着目するかぎり、減収に対する・人為等による損害の競合はこれをまぬかれえないからである。しかし、それが現実にも妥当性をもち、また、被害者を納得させるものであるためには、さらに幾多の厳密な科学的研究が試みられねばならないのではあるまいか。もしそうでなければ、結果として、善良な当事者たちによる見立補償制以上の効果を期待することは困難であると考えられ、「このシステムでは、補償額決定の基礎となる各項目の補償基準が、何か犯し難い権威をもって、農民の前に立ちあらわれる」ことになる恐れもあるからである(6)。

このように減収田補償には、特に因果関係の確定について、なお検討の余地が残されているが、以上のことを総括して、減収農地における基本的な賠償範囲を図示すると、だいたい第十三表のようなものとなるであろう。鉱害農地の減収高石数を（B）、小作料石数を（C）として、さらに、特別の追加費用・労力相当分石数、すなわち、追加生産費石数を（D）とすれば、年々賠償を前提としてその農地（自作地・小作地）の自作人・地主・小作人のおのおのの賠償範囲（A）は、まず、（イ）自作地における自作人は、一般に（減収高石数）＋（追加生産費石数）となる。次に、小作地における地主・小作人の場合は、減額請求との関係により、かりに減収量と減額量が等しいとすれば（ロ）減額請求権の行使の

〔第十三表〕**減収農地補償範囲**

	減額請求権行使の場合（減収量＝減額量）	減額請求権不行使の場合（小作補償制）
地　主	A＝B	小作人よりの小作料（C）
小作人	A＝D	A＝B＋D
自作人	A＝B＋D	

場合には、地主は（減収高石数）で、小作人は（追加生産費石数）のみとなり、また、（ハ）減額請求権の不行使の場合には、地主は関係なく、小作人が（減収高石数）＋（追加生産費石数）となるわけであるが、しかし、減額請求権行使の場合の小作人への補償は、一般に、きわめて不十分であり、皆無の場合が大部分である。そして、このことは、自作人・小作人に対する追加生産費補償についても、ある程度いいうるであろう。また、以上のおのおのの賠償額は、それらを時価（補償米価）に換算したものである。もちろん、裏作についても、以上に準ずるわけであるが、裏作補償の範囲は、各場合とも、かなり不明確である。なお、減収農地では、必要生産費の減少することは、あまりなく、ほとんどの場合に、むしろ増大するのが一般であり、したがって、ここではその点についての考慮は省略することにした。

（1）　減収農地鉱害賠償の賠償範囲は、現在では各地区とも、ほとんど一致しているようである（吉村正晴「鉱害賠償方法について」〔福岡県鉱害問題調査報告第五号〕二頁以下、炭政局開発鉱害部・前掲二五頁参照）。なお、賠償額の計算についていえば、以下の本文において、現実の減収農地補償として、各種の方法を取りあげるが、そこで示されるように、方法はいろいろ異るとしても、まず、減収に対する反当補償石数が決定される。そして、この補償石数は、現物によって支払われるのではなく、金額に換算して支払われるのである。金額に換算する場合の米価は、当年の政府発表の公定生産者価格によるわけであるが、普通、福岡県鉱害対策協議会の裁定による、いわゆる補償米価によることが多い。昭和二八年度の補償米価は九四二五円（一石）である。また、地主に対しては、法定小作料が基本となる。なお、以上の点は、後述の無収農地補償の場合についても同様である。

（2）平田・前掲書八〇頁、加藤・上村・小林・前掲書二二五頁。なお、現行法が、特に「損害は、公正かつ適切に賠償されなければならない」という指導規定をおき（第一一一条一項）、また、そのための地方鉱業協議会に諮問して作成される関係庁の、損害の範囲・方法等に関する公正かつ適切な一般賠償基準が（第一一二条一項）いまだに作成されない理由の一つは、かような農地鉱害における因果関係確定の困難性にあるといえよう。

（3）吉村・前掲書五頁は、この点について、「この方式の下では、鉱害ボスの跳りようする余地が、すこぶる大である。農民組織が弱ければ、炭鉱側は、このボス勢力を利用して、補償額を有利に決定することが出来る。少し極端な言い方をすれば、補償の基準というものが無いも同様であるから、補償の額をどうにでも動かすことが出来るわけである。しかし、ボス勢力というものは、炭鉱の規模が大きくなればなる程、炭鉱資本との間にだんだん距離が出来て、邪ま物になる面が出てくる。補償の問題でも同じことであって、ボス勢力の介在は、炭鉱資本にとって、却って邪ま物になってくる。殊に、農民組織が強くなってくると、その存在はますます余計なものになる。それが農民組織とでも、結びつくようなことになれば、なおさらである。こうしたわけで、まず大手筋炭鉱、特に財閥炭鉱の側から、この見立て補償方式に対する批判が起ってくる」とする。

（4）後述する筑豊四郡大手筋炭鉱起案・鉱害地適正賠償方法解説九頁によれば、農作物被害の直接的原因として、農地の物理的・化学的変化を取りあげ、次のように分類している。

（一）土地陥落のため耕地排水ができなくなるか又は不良となって稲に深水の害を与える。

（二）耕地が沈下したため地下水が高くなり、湿害を与え肥料の分解を妨げ稲が減収する。

（三）土地が傾斜したため潅漑水の一方は浅く一方は深くなる。又耕作に手畦を設くるなど余分に労力を要する。その他耕土が高い方から低い方へ流れ稲が減収する。

（四）水源涸渇又は水路陥落のため用水不足に起因する稲作の減収。

（5）　歩合補償の利点について吉岡卯一郎「鉱害賠償請求権の変遷過程」（農協時代一九五五年九月号）五頁は、「この補償方法は勿論完全なものとは云えないが、耕作困難なる事実をよく具体化し数学的に規定した点では其の労を多とせねばなるまい。殊に此の補償方法は『レベル』測量に依って決定されるから視察や観察だけで決められる場合に比すれば被害者としても不服が少ないであろう」とし、田代隆「鉱害と農業経営」（福岡県鉱害問題調査報告第二号）一八頁も、ほぼ同趣旨といえよう。

（6）　吉村・前掲書二〇頁。なお、大田・前掲書四一頁参照。

第三　無収農地鉱害補償慣行

一　無収農地とは、鉱害が拡大して耕作不可能となった農地(田)をいうが、これは経営学的意味からではなく、いわば補償慣行上の名称であり、一般に最高減収補償額程度を超えた農地を意味することは前述したところである。

ところで、さきの概況の項でも指摘したように、この無収農地補償において特に問題となる点は、減収農地と違って耕作できない農地であるから、収穫皆無であっても減収ということはありえず、したがって、原因と減収との因果関係の確定という問題はなく、むしろ賠償すべき相当な損害の範囲の確定が中心となることであった。もちろん、ここでも因果関係確定の問題が全くないわけではなく、たとえば、はじめて無収化するいわゆる無収初年次においては減収農地か無収農地かの判定で、さきの減収農地の場合と同様な問題が起るけれども、しかし、一度、無収農地と決定すれば、その年次以後は、この点についての問題は解消されるわけである。したがって、無収農地の賠償については、主として賠償すべき相当な損害が何であるかという点を中心にして、以下、事実としての補償、ないし、その変遷を眺めることにしたい。

二　現実の無収農地補償において、もっとも基本的な方式は、いわゆる小作料補償制と、経営利潤補償制（農業所得補償制）である。主として、前者は終戦前の、後者は終戦後の、無収農地補償方式といえるが、しかし、現在でも中小炭鉱では、かなり小作料補償制を採用している所もあり、一般には両者、それぞれの変型が多いといえよう。

(1)　小作料補償制　この補償制は、いうまでもなく、耕作不可能な農地すなわち無収農地の損害は、小作料相当分であり、したがって、その時価が賠償すべき補償額である、という考え方に基づくものである。

ところで、この補償制が、賠償すべき相当な損害ということから考えれば、かなり、不合理であることは、多くの説明を要しないであろう。なぜかといえば、無収農地における補償が小作料相当分であるとすれば、もちろん、それは年々補償を前提としてのことであるから、その年次における当該農地の使用・収益利益は、小作料相当分ということになる。だが、かりに小作農地を例にとれば、戦前の高率小作料の場合であったとしても、小作人は少なくとも、耕作することによって生活はできたのである。もし小作農地鉱害の補償が小作料相当分だとすれば、それは、地主のその年次の地代収益損失分の賠償にしか過ぎず、したがって、小作人の少なくとも耕作すれば生活できた耕作権侵害に対する賠償は、皆無ということになる。同様なことは自作農地についてもいえる。もし自作無収農地の補償が小作料相当分だとすれば、それは、全然耕作しないで、ただ地代収益のみを目的とする地主の場合と同じになり、そこでは自作者の農地経営収益は無視されるのである。

以上により、小作料補償制による賠償が、少なくとも、小作ないし自作農地に関するかぎり、相当なる損害の賠償でないことは、明らかなわけであるが、問題は、むしろ、どうしてこのような不合理な賠償が現実に貫徹されているか、あるいは、その不合理はいかに解決されようとしているか等の点であって、これについての考察が、なされなければならないであろう。

この小作料補償制は、さきにも述べたように、主として終戦前において行われた賠償方法であるが、これが貫徹される理由は、結局、戦前の地主、耕作者としての自作者・小作人などの社会的地位が、そのまま、対加害者の関係においても反映せざるをえなかったからである。そして、たとえば、さきに取りあげた古月村における耕作者補償制の確立過程などは、これらの事情をかなり明確に示しているといえよう。そこでも述べたように、当時における補償問題は、すべて地主代表者のみによって解決されていた。したがって、その結果、たとえば小作農地等においては地主のみが賠償権利者となったわけである。すなわち、かような地主補償制は、ここで取りあげた無収農地の小作料補償制と、その基盤をまったく同じくするものであって、一方は賠償権利の帰属、他方は賠償内容を、それぞれ示したものにほかならない。つまり、当時は、「被害者」なるものは、すべて地主に代表されており、したがって、また、その補償内容も、地主のみが満足すれば、それで、十分であったわけである。このように小作料補償制は、当時の加害者・被害者（地主）の社会的関係から眺めて、ようやく理解できるのであるが、さらに、その実体を知るために、この小作料補償制がその後の農地運動の発展にもかかわらず、終戦に至るまで全く完全な姿で貫かれたものとされている、いわゆる買収補償制についてみることとしよう。

(2)　買収補償制　この買収補償制は、概況のところでも少し説明したが、要するに、鉱害地ないし鉱害予定地を、あらかじめ、買収することによって、実質上、補償を可能ならしめる方法であり、特に大手筋炭鉱で採用されていたことは前述のとおりである。これでもわかるように、その対象は、鉱害予定地等も含むので、必ずしも買収補償制が、無収農地補償の一方式だということはできないが、後述のように、無収農地補償との関係において、最も大きい意味があるので、ここで説明するわけである。

まず内容に入る前に、買収補償の結果としてできた農地改革前後の社有田の面積から、この補償が、戦前、どの程度まで採用されていたかを推測してみよう。たとえば、福岡県に例をとると、当時、福岡県下の農地被害総面積は約一一、三五四町歩で、そのうち、実際に補償を受けている被補償農地は五、五四二町歩となっているのに対し、鉱業権者の所有する社有農地(田)は一、一二四町歩で、被補償農地の約二〇％が、ここにいう買収補償により社有田化したものである。(1)もちろん、そのなかには、営業用土地、建物用敷地予定農地等も入っているので、その全部が買収補償によるものということはできないが、その主要部分をなすことは疑いない。以上の数字から、まず、戦前における買収補償の程度が、ほぼ推定されるが、次に、この買収補償と、さきの無収田における小作料補償制との関係が検討されなければならない。

無収農地における小作料補償制は、年々補償であり、したがって、半永久的補償である。しかし、半永久的補償であるということと、実際そのとおりに賠償されるということとは別であって、特に炭鉱経営命数の短い中・小炭鉱などは、廃鉱となった後、なお補償する場合は、皆無だといってよい。しかし、大炭鉱になれば、その炭鉱経営命数は、大部分が半永久的とみてよいだろうから、一応、その補償も長年月に及ぶことが期待される。この年々補償における、大炭鉱の半永久的補償ということが、買収補償をなさしめる一つの原因である。すなわち、一般的にいって、土地価格は資本化された地代にほかならない。そして、この地代の現実化したものが小作料ということができるから、現実的な土地価格とは、この小作料の資本化された価格であろう。そうすると地価の「年上り」は、普通全国平均一五年程度であり、それよりもやや高い福岡県でも一五ないし一八年程度であるから、その農地の地価は、小作料の一五ないし一八倍に相当することになる。(2) そこで、加害者は、もし年々補償であれば、半永久的に、小作料相当分を補償しなければならないが、買収補償であれば、一五年ないし一八年分の小作料相当分を前払いすることによって、賠償を終了させることができる。そこで、被害農地買収の有利性を強調する人々の多くは、この点に根拠を置くのである。(3) しかし概況でも述べたように、目的物の交換価格を賠償することと、その基礎になる毎年の農地使用・収益利益を年々補償することとは、実質上、同一のことを意味する。したがって、以上のことからは、必ずしも買収補償が、小作料補償を基本とする年々補償よりも、加害者にとって有利だとは考えられない。ただ、いえることは、後者より前者の方が賠償手続が簡明化されるという程度であろう。では、その有利性はどこにあるかといえば、この買収補償によればさきの小作料補償制のもつ賠償の不合理をそのまま貫徹できるという点に求めることができる。

古月村における耕作者補償の確立過程もそうであったが、昭和五、六年前後からの全国的農民運動の発展は、当然、この農地鉱害賠償においても現われてくる。古月村の例でいえば、加害者との交渉に、漸次、自作・小作人が参加するようになり、やがて、それは地主層と交代する――耕作者補償制が確立される――のであるが、それは単に交渉委員の変化のみを意味するものではない。そこでは、まず、自作者に対する附口米（小作料相当分）以外の自作手当が補償されるようになり、しかも、その自作手当は、昭和一五年協定では、小作人にも補償された。また、そのほか、離作料に相当する離耕料や、裏作補償の実施・増額など、逐次、補償額の増大が行われている。すなわち、このことは、無収農地における小作料補償制（地主補償）の不合理が、高まりゆく農民運動の発展によって、しだいに是正され、結局、耕作権侵害補償の確立といわれる耕作者補償制（経営利潤補償制）へ移行して行く姿を示している。

ところでこのように小作料補償制は、年々賠償を続けるかぎり、その不合理を次第に是正せざるをえないのであるが、これに対して、年々の小作料補償と同一意義をもつ買収補償ではどうであろうか。買収されて会社に移転された農地は、一部では会社直営による、いわゆる「試作田」[4]となるものもあったが、耕作できるかぎり、大部分は、小作に出し、またその耕作は、従来の耕作者に委ねられるのが普通である。耕作者が、それ以前からの小作人であれば、かれは、ただ地主を取り替えられたにすぎず、自作であれば、新しく小作関係にはいる。しかし、後者は比較的稀であり、買収補償はほとんど小作農地についてなされることが多い。すなわち、小作人が知らない間に地主と会社とが交替していたというのが実情であろう。社有田の小作契約は、一般と違って、ほとんどの場合が文書をもって締結され、また小作契約後に鉱害が拡大して減収する場合にも、その減額請求——それは、一種の鉱害補償の変形である——は、必ず認められる。そこで、以上の範囲では、普通の慣行小作よりも、むしろ社有田小作の方が近代化されているということができる。しかし、その近代化は、あくまでもそれだけの範囲にとどまる。なぜかといえば、社有田小作においては、いかに被害が進行しても、小作料免除以外の補償は、決してありえないからである。収穫皆無に帰しても、それは、ちょうど天災による被害に等しく、そのために離耕しても、離作料はもらえない。もちろん、表作補償がないくらいであるから、裏作補償のないことはいうまでもない。いいかえると、社有田における小作人の損失補償は、小作料免除が補償の限界であり、また、それが社有田小作契約の基本であり、前提要件なのである。すなわち、ここでは小作料補償が純粋に貫かれていることになり、したがって、また、以上のような形になって現われる買収補償制は、同じく小作料補償の、最もよく貫徹された補償制ということができる。すなわち、加害者にとって、買収補償制が有利である点は、買収補償によれば、被害者、特に耕作農民に対する小作料補償制の不合理を、そのまま貫くことができた点であろう。また、以上のように理解することによって、終戦前、大手筋炭鉱が、この補償制を多く採用した理由が、説明されるであろう。

以上、小作料補償制の内容、およびその発展的形態ともいうべき買収補償制(5)が、なぜ戦前、大手筋炭鉱等で多く利用されたかということなどについて述べたわけである。

ところで、この小作料補償制(6)は、戦後、次第に、次に述べる経営利潤補償制に変ってゆくのであるが、その変化の基盤になるものがなにであるかは、以上のところからほぼ推測されよう。いうまでもなく、小作料補償制のもつ不合理に対抗して高まっていった農民運動の発展によるもので、特に農地改革に伴う耕作権の確立にまつものが多い。

(3)　経営利潤補償制　　地主対小作の古い関係が変らないかぎり、地主を中心とする小作料補償制は、ある意味で安定した補償制ということができる。しかし、この補償制の基礎となっていた従来の土地制度に重要な変革をもたらした戦後の農地改革は、当然に、鉱害賠償にも影響を及ぼす。その直接的なものは、小作地の解放、および、それに伴う法定低額小作料等である。すなわち、耕作権の確立による小作人の要求もさることながら、自作者に対しても、これまでどおりの小作料賠償制を貫徹することはできなくなる。なぜかといえば、自作者は、従来、問題を残しながらも、土地所有者という意味で、貸付地主同様に高率小作料に相当する補償を受けてきたのであるが、小作料が低額に引き下げられた後も、なお、従来の小作料補償制により、小作料相当分だけの補償しかなされないとすれば、農地改革を境にして、補償が一挙に激減するからである。そこで、ここに、自作・小作を問わず、直接耕作者の要求は、なんらかの形で、小作料補償制の改変を余儀なくさせるのである。そして、その結果として現われたのが、以下、説明する経営利潤補償制である。いま、この間の事情を、かなりよく示していると思われる忠隈鉱業所の提案をあげよう。

昭和二一年四月提案　忠隈鉱業所

耕地の損害賠償の相手方は地主小作人何れを対象とする可哉

一、従来の例

地主を対象とし小作米を算定の基とし交渉し来った。

一、最近の実状

最近の社会状勢に反映し農民組合の活躍となり小作人は地主に代り賠償を要求し来った。

一、しかるに土地の損害は所有者たる地主に作物の損害は作物の所有者たる小作人に各々賠償すべきであると思われる。

（一）地主の損害に付て

（1）耕地（土地）の損害を所有権者たる地主に支払うべき理由

（イ）耕地に異状を来たし作物が減収するに至り土地の利用価値が低下したならば小作人は必ず地主に小作料の減額を要求する。この減額された損害に付き責任を負わねばならぬ。

参考　土地の利用価値を表わしたものは小作料である。

（ロ）土地の損害を小作人に支払わざる理由は小作人は土地所有者から見れば土地の賃借人であり被害の第三者である。第三者を相手として話をすることは妥当でない。

（2）省　略

（3）地力の減退を査定するに当り作物の立毛を対象としてはいけない。何となれば作物損害ならば立毛審査に依らなければならぬが、土地利用価値減退を査定するには前に列記した被害事情の要素を考慮して定むべきである。即ち利用価値のゼロとなった不毛地を標準とし之を一〇割の被害歩合とし以下被害の軽減するに従い一〇等分する。

（4）　賠償米の算定方法

土地の利用価値を表わしたものは小作料であるから之を算定の基とす。

算定の一例

小作料を反当四俵とし被害歩合を九割とすれば

4俵×0.9＝3.6俵

即ち三俵六分の補償となる。

（5）　査定の時期

湿害の調査は何時にてもできるが、深水傾斜の被害は植付後が最も明らかであるから此の時期に実施す

参考―前記調査には左の利害あり

利点　植付直後未だ手入の加わらざる時期に査定するを以て粗作の弊なく賠償と増産と牴触せず

欠点　植付直後より秋末まで被害増進せるものあるを以て更に秋末調査の要あり

（二）　小作人の損害について

（1）　作物の損害

被害田又は被害なき土地の作物が鉱業のため一時的損害を蒙りたる場合

1　捨硬又は微粉炭が雨水その他のため流入被害を与えたるもの
2　陥落のため河川又は道路が決潰し作物に損害を与えたるもの
3　工作物例えば発電所の温水又は悪水が一時流入被害を与えたるもの
　前記損害の査定は勿論立毛に依る

（2）　耕作権の侵害

1減収田地の耕作権の侵害賠償

小作人が小作田地に依り生計を立てるものが鉱害に依り土地が次々に減収を来たしたために生活の脅威を受けたる場合の経済的損害に対して賠償の責任を生ずる。但し理論的にいえば例え生活の脅威を受くるに至らざるも軽度の被害田にても小作人が耕作によりてうべき利益の幾分を侵害せらるることなるを以て求償しうることになる。然し実際問題として軽度のものは地主に対する小作料の割引があるから賠償の要なしと思考せらる。少くとも利用価値三割以上被害あるものに付き考慮すべきと思わる

2不毛田の侵害賠償

小作人が離作した場合

（イ）　純小作人の離作料は土地を使用するまで毎年賠償す

（ロ）　副業的に小作せる田地の離作料は一時払とす

（3）　小作人の損害の査定方法及び賠償額の算定方法

1査定方法
既記地主に対する土地利用価値減退査定方法を準用す
2算出方法
小作人の土地耕作の目的は生産利潤の獲得にあるを以て、即ち基準作物たる稲麦の収量より粗生産費を控除したる純益を基とし之に前項の被害歩合を乗じたるものをその土地の賠償金とす
（小作人の損害の計算方法）
反当稲作平均収量をA、反当麦作平均収量をB（湿害ある場合）、生産費C、稲作反当純益をA′、麦作反当純益をB′とす
A×代金－C＝A′
B×代金－C＝B′
A′＋B′＝反当純益
本計算に於てもし生産費が純益を割る場合は左の二方法を適用す
（イ）投下労力は小作人自身の収入となるを以て所要労力に前記歩合の割増となす
（ロ）反当稲作平均収量より天災による減収量を控除したる残額収量に前記被害歩合を乗じたるものを交付す

以　上

ところで、この提案をみてもわかるように、まず、「従来の例」としては「地主を対象とし、小作米を算定の基とし交渉し来った」と述べ、次に、「最近の社会状勢に反映し、農民組合の活躍となり、小作人は地主に代り賠償を要求し来った」として、これに対する新たな補償方法を説明している。すなわち、これは、従来の小作料補償制が貫徹されなくなり、これに代るものとして、いわゆる経営利潤補償制が現われざるをえない事情を、端的に表明している。

この経営利潤補償制は、当初の概況でも少し説明したが、結局、無収農地の補償は、その農地の平均標準収穫高から、何らかの形の必要生産費を控除した残額部分である、という考え方に基づいている。その点を最も率直に表現しているのは、さきほどの減収農地補償のところで取りあげた遠賀礦業所の補償基準、および筑豊四郡大手筋炭鉱起案等である。遠賀礦業所についていえば、「第三条　米は標準収穫高の五〇％を、麦は標準収穫高の四〇％を以て生産費とす。第四条　不毛となりたる耕地に対しては、標準収穫高より生産費を控除したる額を以て損害賠償額とす」となっており、また、大手筋炭鉱起案によれば、「被害の程度により一〇等級に区分する。何等手を加えざる不毛田地の補償は平均収量より生産費を控除した利潤を補償する。要するに不毛補償額は総収益の米六〇％麦二〇％利潤が限度となる。実作せる減収田は不毛田補償以上の減収補償はあるべからず、従って不毛田利潤米六〇％麦二〇％を基本とし逆下九等級とする。不毛田に代作ありたる場合は補償額より収益適正額を減額す」としている。これらの各無収農地補償基準から、だいたい経営利潤補償制の内容は明らかとなるであろう。

三　ところで、以上の説明から、この経営利潤補償制が、無収農地補償の一つのあり方を示していることには疑いないけれども、問題は、はたして、これら各基準によってなされる賠償が、賠償すべき相当な損害の範囲であろうかということであろう。たとえば、以上に示されている二、三の資料ですら、すでに、一方は控除すべき生産費を、平均生産高の米五〇％、麦四〇％とし、他方は平均生産高の米四〇％、麦八〇％とするように、その間にかなりの差異をみせているからである。そしてかかる不統一な生産費計算、したがってまた、不明瞭な純益計算の上に立つ経営利潤補償制は、場合によっては「形式は利潤補償、実質はもとのままの小作料補償」、すなわち「以前はたまたま小作料が非常に高率であったために、それを差引いた後に残る経営利潤がゼロ、またはそれに近かっただけのことにすぎない。農改の結果、小作料が低額になれば、その減額部分だけ経営利潤がふくれることになる。だから補償額は同じだがその内訳が変って、小作料と経営利潤の地位が逆になる。ただ、それだけのことである」(7)ともされかねないのであって、また、そのかぎり、経営利潤補償制も、小作料補償制の不合理を完全に脱却した望ましい補償制とはいいえないことになるわけである。しかし、かかるきびしい批判にもかかわらず、反面、この補償制のもつ以下の事実は注目されてよいであろう。すなわち、経営利潤補償制は、たとえば筑豊四郡大手筋炭鉱起案の「何等手を加えない無収田地の補償に平均収益の全額を補償することはいうまでもなく不合理である。然らばどの程度の補償が妥当であるか、元来耕地から一定量の米を収穫するには種子・肥料と之に手入れを加えなければならない。この費用を直接生産費という。無収田ではこれらの生産費を要しないから生産物代金中からこの費用を控除した純益を補償することが合理的である。但しこの場合考えられることは労力である。農家の労力は大部分自身の収入となり尚且つこの労力の転用は他の転業と異り容易に行われない。そこでこの不用と化した労力は全部農家に負わすことは無理であり、その半分を鉱山側で負担することにする」との説明[8]からも示されるように、その内容は不完全な、いわば農業所得補償[9]なのである。したがって、そこでは、きわめて素朴ではあるが、鉱業による農地の無収化という事実に示される損害利益は、かりに自作者に例をとると、そこには、土地所有者、および経営者としての利益の外、さらに労力提供者としての利益が存し、無収農地鉱害の補償は、これら各利益についてなされなければならないと考えられているのであって、したがって、このことは従来の土地所有者としての利益のみを考えた小作料補償制に比較すると、一段の進歩といわねばならないのである。前掲のような「形式は利潤補償、実質は小作料補償」との批判も与えられようが、少なくとも実際の補償額からすれば、両補償制の間にはかなりの変化があることは否定されず、たとえば、それは第一節で取りあげた古月村の場合における小作料以外の、自作手当、離耕料などからも容易に推測されるところである。また、それなるがゆえに、この補償制は現実にも支配的となりつつあるわけであろう。そこで、これらのことをも考慮に入れると、従来、無収農地鉱害の損害算定は土地を中心とした。しかし、それが、現在では土地よりもむしろ、その土地を手段として農業経営を可能ならしめる地位を中心とするようになった。そして、かかる無収農地鉱害算定の変遷が、小作料補償制より、経営利潤補償制へであり、また、その過程が、鉱害に伴う被害農民の、直接には農地改革を契機とする補償獲得運動であったということができよう。なお終りに、参考のため最近の無収農地鉱害賠償の概況を示すと第十四表[10]のようになっている。

〔第十四表〕無収農地鉱害賠償一覧表

		反当平均標準米収量	表作反当補償基準			裏作反当補償基準	標準賠償米1.44石（B）とした場合の差引補償石数（A）－（B）
			基準補償石数	米価比率	実質補償石数（A）		
		石	石	%	石		
直方地区	A炭鉱	2.6	1.3	100	1.3	0.64	－0.14
	B炭鉱	2.4～1.5	2.4～1.5	70	1.6～1.0	0.2	＋0.16～－0.44
	C炭鉱	2.4	2.2～1.6	70	1.5～1.1	0.44	＋0.06～－0.34
	D炭鉱	2.8～2.2	2.08～1.59	100	2.08～1.59	——	＋0.64～＋0.15
	E炭鉱	2.0	1.2	100	1.2	——	－0.24
飯塚地区	F炭鉱	2.04	1.7	78	1.32	——	－0.12
	G炭鉱	2.4	1.7	72	1.22	0.4	－0.22
	H炭鉱	2.2	1.32	100	1.32	0.4	－0.12
	I炭鉱	2.4	2.0	72	1.44	0.4	0
	J炭鉱	2.4	2.0	490/540	1.8	——	＋0.36
田川地区	K炭鉱	2.4	2.0	100	2.0	1.6	＋0.56
	L炭鉱	2.0	2.35	100	2.35	1.2	＋0.91
	M炭鉱	3.0～1.0	1.8～0.6	100	1.8～0.6	1.2	0.36～－0.84
	N炭鉱	2.8	2.4	100	2.4	2.0	＋0.96
三池糟谷地区	O炭鉱	2.8～2.4	1.4～1.2	100	1.4～1.2	——	－0.04～－0.24
	P炭鉱	2.4	1.44	100	1.44	0.34	0
佐賀地区	Q炭鉱	7～1.6	1.7～1.6	100	1.7～1.6	0.8	＋0.26～＋0.16
	R炭鉱	2.4	1.2	100	1.2	0.6	－0.24
宇部地区	S炭鉱	2.4～2.2	2.4～2.2	100	2.4～2.2	1.2	0.96～＋0.76
	T炭鉱	2.4	2.2～1.8	100	2.2～1.8	——	0.76～＋0.36
	U炭鉱	2.8	2.8	100	2.8	2.0	＋1.36
	V炭鉱	2.8	2.8	100	2.8	1.6	＋1.36

（1）吉岡卯一郎・炭田地帯に於ける農地改革上の諸問題二〇頁、花田・前掲書二七頁各参照。
（2）花田・前掲書二八頁以下。なお、土地価格の基本的な公式を示すと、資本化されるべき小作料（貨幣換算額）をr、資本化すべき一般利子率をz、土地価格をpとすれば、次のようになる（花島・前掲書一二七頁以下参照）。

$$p = z/r$$

（3）沢村・前掲書四三一頁、花田・前掲書三〇頁各参照。
（4）社有田で試作田とされるのは、そのごく一部である。試作田とは、通常、会社が、その附近の鉱害程度を試験するために直営する田のことをいう。しかし、社有田の大部分は小作に出すのが一般であり、その場合の内容は本文のとおりである。なお、この点について沢村・前掲書四三三頁は、「ところで之等の買収耕地及小作地の管理は如何と言うに、炭坑自ら必要のもの以外は殆んど総て買収地は小作に、小作地は又小作に附している。例えば三井田川炭鉱に於ては買収地、小作地共に普通小作料を以て農民に貸付し、若し全炭坑に因って被害を受け減収を来した場合は減収量だけ小作料を軽減することとしている。又、三菱方城炭坑に於ては其買収地、小作地共に普通小作料（平均玄米四斗入四俵）から一俵を差引いたものを小作料として農民に小作せしめている」とし、また花田・前掲書四九頁は、「小作は企業遂行という会社本来の目的に従属すべきこと、補償は一切要求すべきでないこと」の二つの条件の下に於てのみ社有田小作がありうることを指摘している。
（5）買収補償制の実体を、さらに詳しくさせるために次に、その契約書の一例を示そう。

土地及家屋売渡に付契約書

拙者共所有の家屋及土地に付三井田川鉱業所採鉱の上の原因に依り将来亀裂陥落等の変動を生ずる虞有之今回同炭鉱に売渡し候に付ては相互に左の約款を遵守履行すべき事を約す。

一、爾今売渡物件は三井鉱山株式会社の所有物にして売渡人は勿論第三者に於ても異議故障等一切無之事。

一、売渡家屋は現状のまゝ売買人及其相続人に於て居住し得らるゝ迄は無料にて引続き居住することを許す。
但し、居住中は売渡し宅地も亦無料使用を許すものとす。

一、後日採鉱上の原因により土地及其附近併に隣地一帯の亀裂陥落水害井水の涸渇其他の変動に依り居住に堪へざるに至りたる時又は右の程度に至らざるも任意他に移転することを希望するときは三井田川鉱業所の許可を受けて移転するものとす此際には売渡家屋は三井田川鉱業所より無償にて本人に下渡することを約す但下渡を了する迄は三井田川鉱業所の所有物なること勿論なれば如何なる名義を以てするも他人に対し担保に供すべからざること右の移転費は立退者の負担とす尚採鉱上の原因に依り著しく居住に危険ありと認めらるゝ時は三井田川鉱業所の命令に依り無条件無償にて移転すること。

一、爾今売渡家屋に居住中は自ら之を管理し修繕等の工事は一切居住人の負担とす居住人自ら修繕を為すこと能はざる場合と誰も三井田川鉱業所に修繕工事を要求することを許さず此場合居住に堪へざるものは無条件立退の事尚居住人に於て修繕を加へたる部分は無償にて該家屋の一部分となし三井鉱山株式会社の所有に帰す。

一、土地の陥落及家屋の傾斜等の復旧工事の必要を生じたるときは三井田川鉱業所の許可を受けたる上居留者の負担を以て復旧工事を為すことを許す。但三井田川鉱業所に於て採鉱の必要上亀裂陥落の変動に対し修繕工事を施す場合は居留者に於て勿論故障無之事。

一、売渡家屋火災損害に依り全然焼失又は流失したる場合又は腐朽崩壊せんとする場合に於て宅地の変動未だ甚しからず、又は復旧工事を施して尚居住の見込ある時は三井田川鉱業所の許可を受けて前家屋と同一程度以内に新に家屋を新築又は大改築を為すことを得、但其際には新築家屋、改築家屋は前家屋に代り三井鉱山株式会社の所有物と為し退去の際には無償にて下渡すことを約す。

一、売渡家屋に居住中は売渡家屋及宅地及附近又は隣地一帯の亀裂陥落渇水其他採鉱上の変動又は附近の復旧工事等より生ずる損害併に居住中の不便若くは危険に付三井田川鉱業所に対し何等の名義を以てするも損害賠償の要求又は嘆願を為さゞること即居住による損害は凡て居住者自身の負担とす。

一、売渡人其他相続人等の居住者は新に建設物を築造すべからざるのみならず売渡家屋物件を売渡人は其相続人（其家族雇人を含む）の外他人に貸与すべからず。

一、移転に際しては無条件にて立退くべく決して其時に苦情申立間敷き事を契ふ。

一、移転先は可成安全の地を選ぶべく若し下伊田の田又は畑に住居を移転するか又は新に家屋を新築する場合に於ては再び採鉱上の原因による亀裂陥落其他渇水等の損害要求を為さゞること但山ノ手に移転するときは此限に非ず。

一、居住者売渡家屋を立出で不在者となり三ヶ月以上立帰らざるときは再び居住することを得ざるものとす。

（6）戦前における小作料補償制の変型の一例を次掲契約書で示そう。

補償契約書

拙者等所有田面の補償率（麦作其他副作物の補償を含む）を自今別紙図面の通仮協定承諾候也（図面省略）

但

一、水源涸渇して稲作不毛となりたる田面は反当三俵（玄米四斗入以下同じ）の補償慰安料として反当小作田には二円自作田には七円を支給され度事

二、田面浸水して深水の為の稲作不能となりたる田面には反当三俵半の補償に慰安料として反当小作田には三円自作田には八円を支給され度事

三、右一、二の不毛田以外の田畑は以上の範囲内に於て変動の状況に応じ毎年補償率を増減され度事

四、変動を予想せざる為の善良なる施肥耕耘を為し収穫期に至りて皆無となりたる時は其の皆無となりたる時期並に当時の事情に依り反当最高五俵の範囲内に於て程度に応じ協議する事

五、米価は毎年一一月一六日より一二月一五日迄の高瀬三等米平均値段にする事（但し九州日日新聞記載に依る）

六、水路井堰の新設改造其の他の方法により田面の障害を軽減除去せられんとする場合は各人は好意を以て之れに応諾助力する事

昭和三年一二月二六日

玉川村地主総代　某

同　某

三井三池鉱業株式会社　御中

(7) 吉村・前掲書二七頁。そして同頁以下はこの補償制に対して、さらに「形式は利潤補償、内容は元のままの小作料補償という、現在のこの妥協的な方法は、決して、安定的な補償方式ではありえない。高率小作料は、あくまでも過去の土地制度の産物であって、現在はその存在の基礎がなくなっている。時日がたてばたつほど、ますます影がうすれていって、しまいには単なる記憶になってしまう性質のものである。そんなものを、実質上のよりどころとしている現行の方法が、安定性をもちえないのは、あまりにも当然である。とすれば、現在のところは、まだ形式乃至表現方法の域にとどまっている利潤方式が、だんだん実質的な内容をもってくるであろうことが、当然に予想される。現に、『大手筋起案』が利潤算定の根拠を、旧農業会の生産費調査にもとめている、という事実は、十分にそれを暗示している。まだ、どの炭鉱でも、現在の不毛田補償には、可成り強い不満の意を表明しているようである。わたしたちが現地できいたところでは、不毛田には過度の補償が行われていて、不毛田の方が却って、無被害の美田よりも二、三割も高いヤミ価格で取引されている、というのが、現行方法を非難する炭鉱側の一致した意見であった。農村側できいたところでも、そういう事実は、確かに存在するようであった。そういう事情であれば、実質的には、元の小作補償方法は、ますます不安定的なものである。早晩この妥協的な方法が破たんして、炭鉱側の利潤補償システムが零細農経営というきびしい現実と正面切って対決する時代が、やがては訪れるであろう。」とする。

(8) 筑豊四郡大手筋炭鉱起案・前掲書五頁以下。

(9) ここでの農業所得の内容は、主として大槻正男・農業経営学の基礎理論六〇頁以下による。

(10) 炭政局開発鉱害部・前掲書二五頁より転載する。

第三項　農地鉱害賠償の範囲

第二項での、事実としての農地鉱害賠償における主要点、ないし、その指向するところのものを中心として、農地鉱害賠償の範囲を考察すれば、ほぼ以下のようになる。

一　まず、内容に入る前に、その賠償方法に触れよう。

鉱害は、鉱業に固有して、損害発生させる危険行為によって生ずる他人の不利益である。と同時に、一個の損害でありながら、種々の不確定損害を経て確定損害に至るきわめて特異な損害である。そこで、かかる特徴を有する鉱害（農地）は、概況のところで述べたように、完全な損失塡補という意味から、やはり年々賠償方法を採用すべきではあるまいか。そして、このような賠償方法が、毎年の農作を、直接、生活の手段としている被害者（農民）に対しては、より公平な方法といいうるであろう。しかし、反面、常にこの方法を認めることは、いわば一種の無期にわたる債権を設定することになり、場合によっては義務者の事情変動等から不適当視されることにもなる。そこで年々賠償の打切り時期として鉱害安定時をとり、不確定損害に対しては年々賠償、確定損害に対しては一時賠償を、それぞれ原則としたい。すなわち、農地鉱害賠償方法は、鉱害の特徴から、一個の損害であっても、年々賠償、一時賠償の両方法によって始めて完全な損失塡補となるのである。そして現在では、特別鉱害復旧臨時措置法、臨時石炭鉱害復旧法などにより、復旧可能なかぎり右の一時賠償に相当するものは、国家により原状回復されているが、このことは、今後、農地鉱害賠償が、不確定損害に対しては金銭賠償（年々賠償）、確定損害に対しては原状回復（一時賠償）という立場から、整理されることを適切に示しているものといえよう。

二　農地鉱害における賠償方法が、以上のようなものとすれば、その賠償範囲も、それらの賠償方法にしたがって考察されることが望ましい。そこで、以下、それぞれの方法に応じた各賠償範囲を取りあげることにしたい。なお、その場合の範囲は、原則として石数により示すことにしている。まず、農地鉱害の類別にしたがって、減収農地鉱害についてみる。

(1)　減収農地鉱害賠償　　鉱害が発生しても、なお耕作可能な減収農地鉱害の賠償範囲は、その損害が減収という事実になって現われるので、わりに明白であり、また、実状においてもほとんど一致している。そこで、この点は、事実にしたがって、減収農地鉱害の賠償範囲は、毎年次の農作減収量、および鉱害のための追加生産費を原則としたい。(1) すなわち、まず、年々賠償を前提とする不確定減収農地鉱害の賠償範囲は、(イ) 自作地における自作人は、常に（減収高石数）＋（追加生産費相当石数）となる。そして、小作地における地主・小作人の場合は、減額請求権との関係により、減収量と減額量とが等しいとして、(ロ) 減額請求権の行使の場合には、地主は減収高石数（農二一条以下参照）で、小作人は追加生産費相当石数となり、(ハ) 減額請求権不行使の場合には、地主は関係なく、小作人が（減収高石数）＋（追加生産費相当石数）となる。また、おのおのの現実の賠償額は、それらの各石数を時価に換算したものである。もちろん、裏作についても、以上に準ずることは当然であろう。ところで、問題となるのは、鉱害が安定した場合の一時賠償であるが、この場合にも、やはり以上に準じて、すなわち、一時賠償を前提とする確定減収農地鉱害の賠償範囲は、損害安定時の各年々賠償範囲を原則として、そこから逆算される各元本額を賠償額にすべきものと考える。

(2)　無収農地鉱害賠償　　次に考えられるものは、鉱害が発生して、まったく耕作不可能となった無収農地鉱害の賠償範囲である。ところで、率直にいって、この点についての解答は、さらに将来の課題とせざるをえない。なぜかといえば、これに対して最終的解決を与えるためには、わが国の農業、特に鉱害農村の農家経営の実態をさらに詳しく調査・研究することが必要だからである。そこで、ここでは、さきの事実としての無収農地鉱害賠償の指向するところにしたがって、次の程度のことを指摘するにとどめる。

事実のところでも説明したように、一般に年々賠償方法をとる農地鉱害賠償において、加害者の賠償すべき損害は、結局、その年次における農地の使用・収益利益の損失部分であり、いいかえれば、加害行為なかりせば存在したであろう利益にほかならない。また、それが賠償すべき損害の範囲でもあろう。このことは、減収鉱害農地、無収鉱害農地を問わず、すべて同様であり、ただ減収鉱害農地においては、使用・収益利益の損失部分が、現実の減収量という事実となって現われる点が異なる。そこで、このことを中心にして、無収農地鉱害における使用・収益利益の損失部分を考えると、結局、それは、逆にいえば加害行為なかりせば存在したであろう利益であるから、その農地の平均的な使用・収益利益そのものということができ、また、それが無収農地における基本的な賠償範囲ということになる。そこで、以上のことを、まず、年年賠償を前提とする不確定無収農地鉱害における地主、小作人、自作人のおのおのについてみると次のようになる。すなわち、

（イ）　地主についていえば、加害行為なかりせば存在したであろう地主の利益は、説明するまでもなく地代収益利益であり、現実的には小作料相当分（農二一条以下参照）である。

（ロ）次に、小作人の利益についてみれば、そこで存在したであろう利益は、農業経営者としての利益、すなわち経営利潤と、——同時に、かれは、その経営について、自身およびその家族が労働提供者なのであるから——その労働提供者としての利益、すなわち労賃に相当するものとの、両者が考えられなければならない。そして、結局、この両利益の合計は、現実的には、平均生産高石数から、自家労働力以外の必要生産費相当石数——経営費——を控除した部分となる。

（ハ）最後に、自作人についていうと、そこに存在したであろう利益が、まず農業経営者としての利益と、労働提供者としての利益との、両者となることは小作人の場合と同様であるが、さらに、そこには農地提供者としての利益が考えられねばならない。すなわち、それは一般的には小作料相当分と考えることができ、したがって、自作人の利益は、以上の各利益の合計したものであり、現実的には、平均生産高から、自家労働力および地代（土地用益費）以外の必要生産費相当石数を控除した部分となる。

以上の（イ）、（ロ）、（ハ）の各利益が、それぞれ年々賠償を前提とする不確定無収農地鉱害の原則的な賠償範囲である。[2] もちろん、これは無収農地と確定した無収二年次からのものについてであって、いわゆる無収初年次には、生産費が投下されているのだから、平均生産高そのものが賠償せらるべきことはいうまでもない。そして、以上の賠償額は、それぞれを時価に換算したものであって、また、裏作補償も以上に準ずることは当然である。

ところで、ここでも問題となるのは損害安定時の一時賠償についてであろう。しかし、この点も、前述の減収農地鉱害の場合と同様に、すなわち、一時賠償を前提とする確定無収農地鉱害の賠償範囲は、やはり損害安定時の各年々賠償範囲を原則として、そこから逆算される各元本額を賠償額とすべきものと考える。

以上、農地鉱害賠償の範囲を、賠償方法に応じた各場合について、それぞれ考察したわけであるが、これらの損害算定について、特に一時賠償される場合の賠償額については、あるいは加害者から、無被害農地、ないし耕作権の時価に比して高過ぎるとの非難があるかも知れない。しかし、本来、損害賠償は完全な損失塡補ということからすれば、原状回復が最も望ましい。そこで目的物が代替性をもち、また、自由に購入されうる場合には、目的物の交換価格を損害算定の原則とすることは、ほとんど原状回復と等しい結果となるという意味で合理的である。しかし、他の理由で原状回復も認められず、また、代替性もない場合、すなわち、その一場合である農地鉱害においては（第一一一条二項）、特に直接耕作者は、たんに農地の交換価格のみによっては塡補されない損害が残るのであって、たとえば無収農地化した場合の労力提供者としての利益などがその一つである。したがって、事実においても、小作料補償制から、不完全ながら農業所得補償制へと発展せざるをえなかったのではあるまいか。そして、この点について、論旨については疑問もあるが、中古品の滅失に対して、新品購入価格の支払を命じた東京高裁の最近判例(3)は、たんに目的物の交換価格のみによっては、完全な損失塡補とならない場合のあることを示している点で、注目されてよい。もちろん、以上で述べた諸点は、原則的な農地鉱害賠償の算定についてであり、実際には、いわば公平の原則によって種々適正化される場合が多いであろう。たとえば、鉱害による無収農地化のため、土地の転用、ないしは被害者の転業により、いま迄以上の利益をあげる場合など、その適例となろう。

（1）田代・前掲書一八頁、吉村・前掲書四頁などは、いずれも同趣旨と考えられる。

（2）この点について、田代・前掲書一九頁以下は、「以上によって被害田に対する補償の大要を説明したのであるが、その補償額は農民の被った損害に対してはたして適正であるか否かという点に就て少し考察を試みよう。先ず不毛田の表作に就てであるが、直接生産費の内労賃部分の半分以外は補償しないのであって、その理由とするところは、生産を行わなければ支出する必要がないというのであるが、労賃を除いた直接生産費が全部現金支出ではなく自給部分が相当の割合を占めているので、これに対する取扱いは、購入肥料等に対する取扱いとは異ならなければならぬ。そもそも金銭賠償の原則は、加害行為がなければ存在するであろう状態と経済上同一価値ある状態に回復することであって、このことからすれば直接生産費の内現金支出部分を除いて残り全部を補償することが最も合理的であるとも考えられる。直接生産費の種子費、肥料費、労賃、畜力費、諸材料費の現金支出部分が総生産費に対する割合は一五％から二〇％までの間であるが、これを最大に見積って二〇％として、補償規準は標準収量の八〇％ということになるのであって、現在の平均六五％は適正でないという結論が生れる。さりながら農家にとっては直接生産費の自給部分及び家族労働力は他の用途に転換することができるのであって、この点に対して譲歩するならば、その半分を農家負担とし残りを鉱業権者が補償することが適正であって、従来の如く直接生産費の自給部分に対して何等の補償をしないのは不当である。かかる観点の算定によって補償規準を定めれば、標準収量の六五％を補償すればよいということになる。そこで不毛田に於ける表作補償の適正規準の試案として、不毛田変換後二ケ年は標準収量の八〇％、その後は六五％を補償すべきであると考える。それに今日の如く闇収入部分を考慮する必要があるならば各々に五％を増加して、不毛田交換後二ケ年は八五％を、その後は七〇％を補償することが望ましい」とする。

（3）東京高判昭和二九年七月一〇日下級民集五巻七号一〇八〇頁。なお、農林省案・電源開発に伴う水没その他による損失補償要綱　参照。賠償の範囲・方法をめぐっては、このほか、過失相殺、損益相殺、賠償者の代位、さらに時効起算点などの各問題があるが、これらについては、別の機会にあらためて述べることにしたい。

第五章　鉱害賠償責任の実現方法上の特徴

第一項　序　説

「はしがき」にも述べるように第五章は、鉱害賠償責任の実体的な法理論を理解せしめる、つまり具体的な鉱害賠償責任という観点にたって、特に、その賠償上の実現方法の面における主要な法律問題の具体的・個別的検討である。前各章との関係においていえば、第一章で考察されたような諸特徴を有する鉱業損害に直面して、第二章で明らかにされたような法律的要因は、それを実現する道具として、どのような特殊法律関係のなかに自己を貫徹しようとしたかの、第三章、第四章につづく第三の具体的考察の場である。では、具体的鉱害賠償責任の賠償上の実現方法の面についての主要な法律問題が、どこにあるかといえば、それは、主として鉱害賠償責任の分散、ないし担保ということであろう。なぜかといえば、賠償義務者は、その責任の分散ということにより、また、賠償権利者は、その責任の担保ということにより、それぞれ賠償責任の実現を、より実質的に、そして、より容易にならしめようとすることは、日常生活上の損害賠償と異なって、企業損害賠償としての鉱害賠償を考えるとき、きわめて当然だと思われるからである。(1)

ところで、従来、企業損害賠償の一般理論としては、この種の問題を考察した学説も存在しないわけではなかったが、(2)直接、鉱害賠償責任に関するものとしては皆無に等しい。本章では、鉱害賠償責任の分散・担保ということが、現行鉱業法ばかりでなく、賠償方法との関係により、さらに、いくつかの鉱害特別法のなかに、あるいは鉱害特別法それ自体として展開されているところから、かような原則・特別両法の上に秩序づけられる、いわば全体としての鉱害賠償法のなかで、鉱害賠償責任の分散・担保ということが、どのように行なわれ、また発展せしめられようとしているかを考察してみたいと思う。したがってまた、その意味では、本章の考察は、原則・特別両法の上に秩序づけられる鉱害賠償法それ自体の発展の考察であるともいえよう。

（1）企業損害賠償における責任の分散・担保についての比較法的立法例としては、岡松参太郎・無過失損害賠償責任論四七頁以下、また、近時のものについては、加藤一郎・不法行為（法律学全集）一五頁などが詳しい。

（2）たとえば、M. Rümelin, Schadensersatz ohne Verschulden, 1910, S. 32f., R. Müller-Erzbach, Gefährdungshaftung und Gefahrtragung, 1912, S. 43f. など、わが国においても末弘厳太郎「無過失賠償責任と責任分散制度」（民法雑記帳）一九八頁、我妻栄「損害賠償理論に於ける具体的衡平主義」（法学志林二四巻）三七三頁以下、平野義太郎「損害賠償理論の発展」（牧野先生還暦記念論文集）一〇一頁などがあり、最近では、保険との関係により、この問題を解決しようとする試みが多く、たとえば A. A. Ehrenzweig, Trends toward an Enterprise Liability for Insurable Loss Negligence Without Fault, p. 40. などは注目されてよいであろう。

第二項　原則法上の責任の分散・担保

一　序説にも触れるように、鉱害賠償における責任の分散・担保は、もっぱら賠償方法との関係において主として特別法、すなわち、後述のプール資金鉱害復旧制度（昭和二三年四月九日閣議決定）、特別鉱害復旧臨時措置法（昭和二五年法律一七六号）および実質的には、これら二制度の発展的形態としてとらえられる臨時石炭鉱害復旧法（昭和三〇年法律一五六号）などの各特別法を通じて展開されるのであるが、これらの各特別法の、責任の分散・担保の考察を試みるまえに、まず以上の特別法の内容、ないし成立過程を、さらによく理解するために鉱害賠償の原則法である鉱業法上の損害賠償について、その責任の分散・担保の点を考察する必要があろう。

　現行鉱業法において、責任の分散・担保の制度をなしているものは、第一一七条以下第一二一条に規定される担保の供託制度である。そして、この制度は、賠償責任の点と同様、旧鉱業法の制度を殆んどそのまま採用したものでもある[1]。そこで、いま、この担保の供託制度について、その内容を見ると、ほぼ次の三点を指摘することができよう。すなわち、鉱業を経営する鉱業権者・租鉱権者は、原則として当該鉱区、または租鉱区における損害の賠償を担保するために、前年中に掘採した鉱物の量に応じて毎年一定額の金銭を供託しなければならない（第一一七条）、被害者は、賠償担保のために供託された金銭について、他の債権者に優先して弁済を受ける権利を有する（第一一八条）、および鉱業権者、租鉱権者は、損害を賠償したとき、または鉱業権、租鉱権の消滅の後一定期間損害の発生しないときには、供託金を取り戻すことができる（第一一九条）、の点である[2]。

　そこで、以上の要点から成立している現行法上の担保の供託制度であるが、右の内容からも理解されるように、その骨子とするところは、鉱業権者、租鉱権者は、企業の損害賠償の担保のために一定金額を供託しなければならず、また、被害者は、その供託金について優先弁済を受ける権利を有することである。つまり、鉱害のような企業活動にともなって、いわば不可避的に惹起される損害の賠償については、民法上の一般不法行為における損害の賠償とは異なって、そこに新しい担保の供託という損害塡補の在り方をうみだすに至るわけであり、従ってまた、この点は、鉱害賠償の企業損害賠償としての特徴を示していることにもなるのである。(3) このように現行法上の賠償担保の供託制度が、企業損害賠償としての特徴を示してはいるものの、反面、企業責任の分散・担保の制度としては、なお、かなり不充分なものであることは否定されないように思える。すなわち、前述のように、この制度においては、被害者は供託金について優先弁済権があるから、まず責任の担保の面はともかくとしても、責任の分散の面についていえば、この制度は、なんら規定するところがないからである。たとえば、この制度のもとで企業者が、賠償担保のために供託をすることは当然であるが、その供託も、ただ当該鉱区または租鉱区に関する賠償を担保するためにのみなされるのであって、したがって、そこでは、一般的に産出鉱物の販売価格を通じていう意味ならともかく、他の類似損害賠償立法(4)におけるように、直接同種危険を有する企業者間での責任の分散というようなことは、なんら考慮なされていないのである。そのことは、この制度が、たんに損害を賠償した場合のみならず、さらに鉱業権、租鉱権が消滅して一定期間損害が発生しなかった場合にも、企業者に、供託金の返還請求を認めていることから容易に明らかなことであろう。しかも、以上のような責任の分散についての現行法の在り方は、たんに、その不備を示すだけではなく、同時に、さらに責任の担保の面にも影響することはいうまでもあるまい。すなわち、ただ一企業者の賠償担保のみを内容とすることとなるこの制度のもとでは、かりに、なんらかの理由により、企業者が担保金の供託を怠っていた場合には、それは被害者にとって無担保の状態に等しく、つまり、その場合の被害者の有する優先弁済の請求権は、事実上、無意味とならざるを得ないからである。

以上、現行法上の担保の供託制度を考察したわけであるが、それによって明らかにされたことは、この制度が、鉱害賠償の企業損害賠償としての一つの特徴を示しているものの、しかし、企業者は過大な損害の負担によってもたらされる企業活動阻害を除去するために、また、被害者は本来の目的ともいえる損失塡補のより完全な実現のために、それぞれ要求するところの企業損害における責任の分散・担保の制度としては、かなり不備なものということである。[5] そして、さらに、その不備を助長し、やがて、その修正、ないし発展の重要な契機となるものに賠償方法の問題があるわけであるが、しかし、この問題は、直接、特別法による責任の分散・担保とも関連するところのものであれば次に項をあらためて取り上げることとしたい。

（1） 旧鉱業法では、石炭鉱害で土地の掘さくによる損害に限定していた点が異なる（加藤・上村・小林「鉱業関係法」二三三頁参照）。
（2） 平田慶吉「鉱害賠償規定の制定」（法律時報一一巻三号）九頁参照。
（3） 我妻栄「鉱業法改正案における私法問題」（私法五号）八四頁参照。
（4） たとえば、前掲の自動車損害賠償保障法、あるいは立場は異なるが労働者災害補償保険法などが考えられる（加藤・前掲書四四頁、我妻栄「自動車損害賠償保障法について」（比較法研究一三号）一二頁、伊沢孝平・保険法（現代法学全書）四一〇頁各参照）。
（5） この点、鉱害金庫の財産は各鉱業権者からの醵金としているザクセン鉱業法の場合（G. H. Wahle, a. a. O. S.

296f.）を注目すべきであろう。また、現行法の場合、供託違反者に対する第一二〇条の行政規定がありながら、あまり活用されていないように思える。

第三項　特別法上の責任の分散・担保

一　鉱業法の責任の分散・担保の不備を、さらに助長し、また特別法によるそれへと発展させる直接の契機となるのは賠償方法の問題である。現行の鉱業法における賠償方法は、原則として金銭賠償であり、例外的に原状回復を認める（第一一一条）。しかし、農地、家屋、井水などを主たる被害物件とする鉱害においては、すでに見るように、鉱業損害の特殊性およびその被害物件の特殊性から、金銭賠償方法による適正賠償は、かなり困難といわねばならない。たとえば、農地を例にとると、農地を侵害されることによる損害をいかに算定するかは、なかなか容易なことではないのである。(1) 同じことは、家屋、井水についてもいえよう。そして、このような損害算定のむつかしさは、おうおうに被害者にとって不利な賠償となることが少なくないわけであり、(2) その結果、ここに金銭賠償に代る原状回復方法による鉱害の賠償が課題となってくるのである。そして、この鉱害賠償方法における金銭賠償か、原状回復かの問題は、なにも近時に始まったわけではなく、すでに鉱害賠償制度の成立過程から問題としてきた事柄でもある。(3) しかし、被害者の要求でもあり、また賠償理論のうえからも是認されるべき(4)原状回復方法の原則化が、なぜ、ながい間鉱害賠償において実現されなかったかといえば、それは次のような金銭賠償と原状回復との矛盾、および、それに対する立法者の考慮からであった。すなわち、金銭賠償と原状回復とは、その発展過程からも理解されるように、損害塡補の経済的効用の面では両者は同一のことを目的としているわけである。(5)しかし、もともと異なった考え方にもとづく両者は、たとえば農地鉱害の場合であると、同一被害物件について、現状ではほとんどの場合、金銭賠償費よりも原状回復費の方が、かなり高いという事実となって現われる。そして、通説・判例のように対価賠償をもって金銭賠償における具体的損害算定の基礎(6)とする場合には、なおさらのことといえよう。そこで、このような両方法の矛盾を前提として、原状回復を原則化することは、企業者にとって金銭賠償によるよりも過大な支出の負担となり、また、そのことによりもたらされるであろう企業活動阻害の危険性に対する立法者の考慮は、結局、昭和二五年の改正鉱業法においても、原状回復の原則化を阻止してきたわけである。(7)

そこで、以上述べたような鉱害賠償方法における金銭賠償から原状回復への要求、また金銭賠償と原状回復との支出の面における矛盾は、原状回復への要求が強くなればなる程、鉱業法上の責任の分散・担保の制度について、その不備を助長せざるを得ないわけであって、さらに、その要求が実現の過程に至った場合、鉱業法上の責任の分散・担保の制度は、実質的に、その修正を余儀なくされ、新しい制度へと発展してゆかざるを得ないわけである。したがってまた、鉱害賠償方法における金銭賠償から原状回復への過程は、賠償責任の分散・担保の発展の過程でもあるわけである。

二　ところで、鉱害賠償方法における金銭賠償から原状回復への過程は、厳密な意味では昭和二七年の臨時石炭鉱害復旧法の成立によってであった。しかし、この法律の以前においても、後述のように特殊の目的のためではあるが、すでに実質的には原状回復を実現し、また、直接には、この法律の母体をなしたともいえる昭和二三年のプール資金鉱害復旧制度[8]、および昭和二五年の特別鉱害復旧臨時措置法があるので、それら二制度についてもまた、その責任の分散・担保の在り方に、直接には復旧資金の構成について触れる必要があろう。

プール資金鉱害復旧制度、および特別鉱害復旧臨時措置法の二制度は、いずれも、いわば第二次大戦の落し子といえるものである。すなわち、大戦中の戦争目的達成のための強制的な石炭の乱掘は、いちじるしい鉱害の拡大を見るわけであるが、戦後、急速にその処理が問題化され、その処理の措置が、この二制度であったからである。

そこで、まず、そのうちのプール資金鉱害復旧制度であるが、この制度は、法律に基づくものではなく、当時の閣議決定により実施された文字通りの応急措置で、したがって、内容もきわめて簡単なものであった。そして、この制度における復旧資金は、当時が石炭の統制時代であったから、配炭公団の石炭買取り価格に鉱害復旧費をおりこむという方法により解決したのである。したがってまた、この制度は、昭和二四年の石炭価格の統制撤廃に伴う配炭公団の廃止により、実施不可能となり、まもなく次の特別鉱害復旧臨時措置法にとって代わるわけでもある[9]。

昭和二五年の特別鉱害復旧臨時措置法は、右に述べたようにプール資金復旧制度の実質的な延長であって、すなわち、その目的とするところは、太平洋戦争遂行のための緊急な国の要請に基く石炭増産のために生じた鉱害を復旧することであった（特一条三条）。そしてこの法律において復旧資金の点について特に注目されることは、統制価格の廃止による復旧資金のプールが不可能となったことによる新たな方法に基づく復旧資金を現出させていることである。

そこで、この法律における新たな復旧資金であるが、それは、ほぼ次のようなものといえよう。すなわち、原則として復旧工事に要する資金は、国の公共事業費または行政部費によって支弁されるもの、地方公共団体が負担するものを除いては、特別会計が負担する（特二三条）、そして、特別会計が負担する費用に充てるため、関係鉱業権者は一定の納付金を国庫に納入しなければならないとするものである（特二四条）。つまり、結論的にいえば、この法律における復旧資金の在り方は、原則として、国費、地方費、および関係鉱業権者の納付金によって構成されることとなるのであり、そして、いわば戦災処理的な、この法律の目的は、強制的な納付金の納入、および大巾な国費の支出を可能としているわけでもある（特二四条―二九条）。[10]

三　ところで、石炭の統制廃止によるためではあるが、特別鉱害復旧臨時措置法におけるような国費、地方費、および関係鉱業権者の納付金で構成される復旧資金という新たな鉱害処理の構想は、被害者の原状回復の要求ともあいまって、やがて、その形を変えることにより戦争目的達成のための鉱害の復旧ではなく、それ以外の一般鉱害についてもまた、その復旧を可能ならしめるに至るのである。[11]そして、その実現が昭和二七年の臨時石炭鉱害復旧法にほかならない。それゆえ、この法律の出現は、鉱害賠償における原状回復の原則化を意味するとともに、したがってまた、前述の担保の供託制度の発展を意味することとなるのである。以下、この法律の責任の分散・担保について、その要点を眺めることとしたい[12]。

まず、この法律の目的であるが、以上述べてきたところから、それが一般鉱害についての復旧――原状回復――にあることは当然であろう（臨一条）。そして、現行法では主として農地、家屋等の安定鉱害を復旧するのである（臨二条）。そこで、問題は、右の目的をいかなる方法で実現しているかということであるが、この法律では、鉱害復旧事業団という特殊法人を設置し、原則として、その法人の事業として復旧を行うのである（臨二一条）。そして、その場合の復旧資金は、これは前述の特別鉱害復旧臨時措置法の構想にならって、やはり、国庫補助金、関係都道府県補助金、および関係鉱業権者の納付金によって構成される。ただ、戦争目的達成のための鉱害復旧ではなく、一般の鉱害の復旧を目的とするこの法律のもとでは、特別鉱害復旧臨時措置法とは反対に、むしろ鉱害復旧事業団へ納付する関係鉱業権者の納付金が主体とされるのであって（臨五〇条）、他は復旧のための補助金となるのである（臨九四条）。そして、関係鉱業権者の納付金は、原則として復旧すべき物件の対価――金銭賠償――に等しいものと考えることができ（臨五一条）、また、以上の、それぞれの比率は、ほぼ復旧費の納付金六割、国家補助金三割、地方補助金一割の、各比率となっている[13]。おわりに、この法律による復旧と本来の賠償との関係であるが、復旧するか否かの加害・被害両当事者の選択を前提として、原則として、被害物件の効用回復を条件として、その賠償債務、賠償債権は、それぞれ消滅することとなるのである（臨七五条）。

(1) 本書第四章第二節参照。
(2) 沢村康・福岡県の炭鉱業被害問題概観四九頁以下。
(3) 平田慶吉・鉱業法要義四七頁。また、旧法も民法の原則を修正して例外的に原状回復を認めている。
(4) たとえば、ドイツに於ける鉱害賠償は原状回復を原則としている (G. W. Heinemann, Der Bergschaden auf der Grundlage des Preussischen Rechts, 1954. S. 54f.)。
(5) 山田・来栖「損害賠償の範囲および方法に関する旧独両法の比較研究」(我妻先生還暦記念論文集上) 二〇〇頁以下。
(6) たとえば、我妻栄・事務管理・不当利得・不法行為 (新法学全集) 二〇六頁、加藤・前掲書二二〇頁、大連判大正一五年五月二二日民集五巻三八六頁など。
(7) 加藤・上村・小林・前掲書二二六頁、吉田法晴・新鉱業法概説一四二頁各参照。
(8) 通産省官房調査課編・商工行政史下巻六一〇頁参照。
(9) 都留大治郎「鉱害の階級構造」(九州大学経済学部創立三〇周年記念論文集) 三三頁参照。
(10) この法律については、第七回国会参議院通商産業委員会会議録第七号、同参議院会議録第四七号、同衆議院会議録第四二号、同四七号、および資源庁の特別鉱害復旧臨時措置法案関係資料を各参照。
(11) 田中二郎・行政上の損害賠償及び損失補償一七七頁参照。
(12) この法律については、第一三回国会衆議院、参議院各関係会議録、および福岡県鉱害対策協議会編「臨時石炭鉱害復旧法制定までの経過について」一一頁以下参照。
(13) ザクセンの鉱害金庫の場合もそうであるが、プロイセン鉱業法の原状回復の場合にも、なんら国および公共団体の援助はない (G. H. Wahle, a. a. O. S. 296f., G. W. Heinemann, a. a. O. S. 55f.)。したがって、この法律を石炭資本への補給金法とみる立場もでるわけである (都留・前掲論文四二頁)。また、比率については鉱害復旧事業団資料参照。

第四項　要　約

一　以上、本章は、企業損害賠償としての鉱害賠償における責任の分散・担保を取り上げ、原則法である鉱業法上の担保の供託制度の不備、また、その不備を助長せしめる賠償方法における原状回復の原則化の問題、および実質的に原状回復を原則化せしめたところの臨時石炭鉱害復旧措置法における復旧方法、などについて、それぞれ考察を加えてきたわけである。そこで、次には、以上から鉱業法上の担保の供託制度の発展としてとられることとなる臨時石炭鉱害復旧法――以下特別法と呼ぶ――における責任の分散・担保について、その特徴、ないし賠償上の意味が考察されねばならないわけである。しかし、その考察は、これまで述べてきたことからも理解されるように、結局、鉱業法上の原則法のほかに、さらに、この特別法によって、秩序づけられるに至った鉱害賠償法自体の責任の分散・担保の特徴、ないし意味、あるいは、それらに示される鉱害賠償法の指向性などを考察することであってみれば、以下には、むしろ後者の観点に立って、問題を取り上げてみたいと思う。

そこで、現在、特別法によって秩序づけられるに至った鉱害賠償法の責任の分散・担保の特徴、ないし意味であるが、それは、ほぼ次のようなものということができよう。すなわち、前述の特別法における復旧方法からも理解できるように、特別法によって秩序づけられる鉱害賠償法の実質的な機能は、関係加害者の納付金と、国、および、それに準ずる機関としての府県などの補助金とにより鉱害の原状回復をなし、賠償関係の消滅を実現しようとすることである。そこで、このことを責任の分散・担保の点について考えてみると、そこでは、原状回復することを前提として、加害者は、国、および、それに準ずる機関の補助金により、責任の分散、および担保を、それぞれ可能としていることになるのである。そして、このように、つまり、たんに加害企業者のみによってでもなく、また同種損害の危険を負う企業者同志によってでもなく、厳密には国、ないし、それに準ずる機関による責任の分散・担保ということが、特別法によって秩序づけられるに至った鉱害賠償法の、もっともいちぢるしい特徴点となるのである。

そこで、特別法によって秩序づけられるに至った鉱害賠償法の特徴が以上の点にあるとした場合、そこで問題とされることは、鉱害賠償法の、国、ないし、それに準ずる機関による責任の分散・担保という特徴自体の説明よりも、類似の企業損害賠償に比較して、なぜ、かかる特異な責任の分散・担保が成立せしめられるに至ったかということであろう。しかし、その問題は、これまで検討してきた事柄のなかで、すでに解決されているとも考えられるところであって、結局、鉱害賠償における金銭賠償方法と原状回復方法との矛盾、および、その矛盾に対する立法者の考慮に基づくものといえる。すなわち、鉱害賠償においては、その被害物件の特殊性から損害の填補という点からすれば原状回復方法による賠償がもっとも望ましい。しかし、原状回復方法によることは、前述のように企業者にとって金銭賠償方法によるよりも過大な支出の負担となるのであって、したがって、そのためにおこるかもしれない企業活動阻害の危険性についての立法者の考慮は、その考慮の是非はともかくとして——たとえば前述のドイツの場合には加害者のみによって原状回復されていた――究局において、かかる特徴をもつ責任の分散・担保を成立せしめるに至るわけである。(1)

二　そこで、以上のような鉱害賠償法における国、および、それに準ずる機関――それは鉱業を許容せしめる社会一般とも置き代えられるところのもの――による責任の分散・担保という特徴、および、さらに、かかる特徴をもつ責任の分散・担保を成立せしめる立法根拠(2)を考察した場合、この責任の分散・担保の賠償上の意味は、したがってまた、かかる責任の分散・担保を内在することにより現実に妥当せしめられることとなる鉱害賠償法は、結局、よって生じた損害の、いわば社会的立場からの賠償（原状回復）を指向しているものともいうことができるのである。(3)

（1）　第一三回衆議院通商産業委員会臨時石炭鉱害復旧法案についての公聴会会議録、および田中・前掲書一八三頁各参照。
（2）　我妻栄「鉱業法改正案における私法問題」（私法五号）八三頁参照。
（3）　労働災害補償については、すでに菊池教授により、その社会的性格が検討されている。同論文「労働者災害補償の本質」（法政研究六巻一号）一二〇頁参照。

第六章　結　語

一　以上、本研究は、鉱害賠償責任の実体的な法理論が、いかなるものであるかを明らかにするため、第一章以下各章に展開されるような諸考察を行なってきた。もっとも、「はしがき」でも指摘するように、本研究では、鉱害賠償責任の実体的な法理論を、主として具体的鉱害賠償責任という観点にたって、その場合に問題となる法律関係の個別的・具体的検討のなかで、あるいは、それをとおして理解することであった。その意味では、本研究の、特に第三章以下で考察された事柄は、それぞれが、鉱害賠償責任の実体的な法理論だといってよいし、したがってまた、本研究の意図も、以上の検討で、一応は達せられたことになる。しかし、従来の学説との差異、ないし関係を、よりいっそう明らかにするという観点からいえば、さらに右のような個々の個別的な検討の上に成立する、いわば全体としての鉱害賠償責任の実体的法理論の考察が試みられねばならないであろう。また、それが本研究の終局的な意図であることも当然である。そこで、本研究のおわりに当り、以下、この点の考察を試みることにより、本研究の、いわば結語とすることにしたい。

二　そこで、まず、これまで検討してきた事柄を、いま一度ふりかえって見ると、それは、ほぼ次のように要約されるであろう。すなわち、いわゆる適法行為に基づく鉱業に固有しての不可避的、継続的、因果関係不確定的な損害としての鉱業損害（第一章）に直面して、失なわれた被害者の権利（利益を含む）保護は、みずからを貫徹する手段を、過失責任を原則とする不法行為責任にとってかわる鉱害賠償責任に求めた（第二章）。では、より具体的には、どのような特殊法律関係としての鉱害賠償責任に求めたのかといえば、まず責任の成立面についてみると、鉱害賠償責任は、鉱業権者・租鉱権者の無過失責任であること（第三章第一節）、その無過失責任を成立せしめる損害は、鉱業に固有して鉱業を危険ならしめる行為に基づく損害であること（第三章第一節）、および、そのような損害と行為との間には相当因果関係が必要であるが、相当因果関係の存在することの立証責任は、賠償義務者の画一化を通じて実質的には加害者に転換されることを可能にしていること（第三章第二節）、の各点である。次に、責任の内容面（農地鉱害）についてみると、鉱害賠償責任の相手方は、加害行為と相当因果関係にたつ一切の損害を受けた人であり、所有権者は、もちろんのこと、用益権者、および賃借権者も含まれること（第四章第一節）、また、その場合の賠償範囲については、継続的損害としての鉱業損害においては、一個の損害でありながら、損害発生後損害確定に至るまでの年々賠償と、損害確定時における一時賠償との二つの部分からなり、それぞれの賠償範囲は、年々賠償部分については、その年次の損害につき、一時賠償部分については確定時の確定損害につき、いずれも加害行為と相当因果関係に立つ限度で賠償せられること（第四章第二節）、の各点である。おわりに責任の実現方法面についてみると、鉱害賠償責任は、担保の供託制度により、その分散と担保が行なわれており、しかもその点は、石炭鉱害については、さらに特別法を通じて、いわば社会的立場からの賠償（原状回復）へと発展しつつあるということである（第五章第三項）。以上が、本研究の各章において明らかにされた事柄の要約である。そこで、この要約から、その当然の帰結として指摘しうることは、いわゆる適法行為に基づく鉱業に固有しての不可避的、継続的、因果関係不確定的損害としての鉱業損害に直面して、失なわれた被害者の権利保護が、みずからを貫徹する手段として求めた特殊法律関係は、結局、過失責任を原則とする不法行為責任の、責任成立の主観的側面においてはもちろんのこと、違法性、因果関係という客観的側面における、そして、さらには、責任の内容、および実現方法の側面にまでおける、右に見られるような各修正のなかに、その姿が見いだされるということである。そして、過失責任を原則とする不法行為責任の、このような、つまり成立、内容、実現方法の各側面にわたっての修正の現実形態が、まさに鉱業法第一〇九条以下、およびその特別法に規定される鉱害賠償責任にほかならないということである。

三　以上のように、鉱害賠償責任が、過失責任を原則とする不法行為責任の、成立、内容、実現方法の各側面にわたっての修正の現実形態として理解されるとき、さらに次のような指摘が正当視されるであろう。すなわち、鉱害賠償責任を、ただ責任成立の、しかも主観的側面にのみおける、つまり過失から無過失へという点でだけで過失責任を原則とする不法行為責任の修正として理解しようとしている従来の学説は、その点でやはり反省されねばならないということである。もっとも本研究で明らかにされたような事柄を前提としたうえで、なお鉱害賠償責任を、いわゆる無過失責任と呼ぶのであれば、それは用語の問題にすぎない。しかし、従来の学説が、そうでなかったことは言うまでもないところであろう。同時に、鉱害賠償責任を、過失責任を原則とする不法行為責任の成立、内容、実現方法の各側面にわたる修正の現実形態として理解しようとするとき、そのような鉱害賠償責任は、それは、すでに市民法的存在ではないのではないかという疑問が提出されるかも知れない。しかし、本研究のように、鉱害賠償責任が、諸特徴を有する鉱業損害に直面しての、失なわれた被害者の権利保護の実現手段として理解されるかぎり、また、そのための特殊法律関係として理解されるかぎり、鉱害賠償責任は、なお、基本において人と人との関係における市民法的側面において理解されるべきことが当然となるものといわねばならない。

補論

第七章　鉱害賠償責任の成立要件的特徴

第一節　問題の所在

(1)　わが国において、いわゆる無過失責任の理論が出現するのは、それほど新しいことではない。その萌芽は、すでに法典調査会民法議事速記録[1]にもみられるところであり、石坂音四郎博士の「他人ノ過失ニ対スル責任㈠㈡[2]」や、末弘厳太郎博士の「過失無キ不法行為[3]」等を経て、岡松参太郎博士の大著『無過失損害賠償責任論[4]』が公表されたのは、大正五年のことである。

また、無過失責任の制度としては、企業内部の労働災害についてそれと目されるものに明治三八年制定の旧鉱業法八〇条や明治四四年制定の工場法一五条による扶助制度があるが、企業外部の損害に対しては、昭和一四年の旧鉱業法一部改正による鉱害賠償制度（旧鉱業法七四条ノ二以下参照）が最初である。つづいて昭和三三年の水洗炭被害賠償制度（水洗炭業に関する法律一六条参照）、昭和三六年の原子力被害賠償制度（原子力損害の賠償に関する法律三条参照）、昭和四七年の大気汚染賠償制度（大気汚染防止法二五条参照）、および水質汚濁賠償制度（水質汚濁防止法一九条参照）、昭和五〇年の油濁損害賠償制度（油濁損害賠償保障法一条参照）などが制定されて今日に至っている。これに国家賠償法上の営造物瑕疵賠償制度（昭和二二年制定、国家賠償法二条参照）や形式的には中間的責任とされているが実質的には無過失責任と解されている自動車事故賠償制度（昭和三〇年制定、自動車損害賠償保障法三条参照）を加えると、わが国においても、今日、相当数の企業外に対する、いわゆる無過失責任制度が制定されているわけである。しかも、これら各無過失責任制度にかかわる損害賠償額も決して少ないものではない。たとえば、本章で、直接、対象とする鉱害賠償に限ってみても、その残存鉱害額は復旧費にして、現在、ほぼ五、〇〇〇億円であり、毎年ほぼ五五〇億円程度の範囲で処理されている。[5] さらに、毎年、増加の一途をたどっている自動車事故にかかわる賠償額を想定してみても、この分野の賠償額がいかに多額なものになるかについては、あまり多くの説明を要しないところであろう。

(2) 以上のかぎりでは、わが国の企業外に対する損害賠償において、民法の過失責任を原則とする不法行為制度と並んで、これら特別法による、いわゆる無過失責任制度の役割は決して小さくないところといえよう。しかし、それでいて、これら無過失責任制度の具体的検討となると、公共の特別責任としての営造物瑕疵損害や中間的責任としての自動車事故を除くその他の、いわば典型的無過失責任については、過失責任の場合に比較して必ずしも多いとはいいがたい。[6] このことは、それぞれの無過失責任制度の運用にとって好ましくないことはもちろんであるが、さらには、いわば過失責任の狭間にあるともいえる、たとえば大気汚染や水質汚濁にかかわる物損被害、自動車事故にかかわる物損被害、無過失立法の検討を必要とする製造物責任を代表とする各種企業被害等の処理に当っても決して好ましくないところといえよう。私は、これまでも鉱害賠償制度の無過失責任については、若干の検討を試みてきた。しかし、私の無過失責任の立場については、後述のように過失責任説の立場から批判がないわけでもない。そこで、以上のような視点に立ちつつ議論をより具体的に進めるために、以下では、特に鉱害賠償責任の成立要件上の特徴といった観点から、あらためて、鉱害賠償責任の、いわゆる無過失責任性について考察を加えることとしたい。ただ、本章は、私の九州大学での退官記念講演に加筆されたものであり、論点の内容上、すでに発表された論文と部分的に重複する場合のあることをあらかじめお詫びする次第である。(7)

（1）法務大臣官房司法法制調査部監修・法典調査会民法議事速記録㈤三〇〇頁以下参照。

（2）石坂音四郎「他人ノ過失ニ対スル責任㈠㈡」新報二〇巻八号二〇頁以下、九号二〇頁以下各参照。

（3）末弘厳太郎「過失無キ不法行為」法協三〇巻七号一一七三頁。

（4）無過失責任理論についての、わが国での最も先駆的な大著である。その後の文献については、浦川道太郎「無過失損害賠償責任」民法講座6（事務管理・不当利得・不法行為）一九一頁が詳しい。また、近時には、基礎理論として、石本雅男・民事責任の基礎理論、同・無過失損害賠償責任原因論（第一巻、第二巻）、平井宜雄・現代不法行為理論の一展望、森島昭夫「損害賠償責任ルールに関するカラブレイジ理論」我妻栄先生追悼論文集・私法学の新たな展開八〇頁などがある。

（5）九州通商産業局・石炭鉱害の実状（平成三年版）二頁以下参照。

（6）森島昭夫「不法行為法講義」法教三二号五五頁、浦川・前出注（4）二三八頁も同様の指摘をされる。

（7）徳本鎮「いわゆる無過失責任の一場合」法政研究四七巻二～四合併号六〇一頁。

第二節　主観的成立要件上の特徴

(1)　すでに、「問題の所在」でもみられるように、鉱害賠償が過失責任を原則とする民法の不法行為責任の適用から特別法としての鉱業法上の、いわゆる無過失責任の適用へと移行するのは昭和一四年の旧鉱業法の一部改正によってである。この改正によって制定された鉱害賠償制度は、わが国最初の企業外部への損害に対する無過失責任立法であり、また、その制度を基本においてはそのまま承継したのが昭和二五年制定の現行鉱害賠償制度である。現行鉱害賠償制度は、鉱業法第一〇九条から第一一六条にわたって規定され、また、臨時石炭鉱害復旧法（昭和二七年、法律第二九五号）や石炭鉱害賠償等臨時措置法（昭和三八年、法律第九七号）などの附属法律とともに、相当に整備された賠償法となっている。そこで、現行鉱害賠償制度における鉱害賠償責任であるが、この点について、現行鉱害賠償制度の中心をなす鉱業法第一〇九条第一項は、「鉱物の掘採のための土地の掘さく、坑水若しくは廃水の放流、捨石若しくは鉱さいのたい積又は鉱煙の排出によって他人に損害を与えたときは、損害の発生の時における当該鉱区の鉱業権者（当該鉱区に租鉱権が設定されているときは、その租鉱区については、当該租鉱権者）が、損害の発生の時既に鉱業権が消滅しているときは、鉱業権の消滅の時における当該鉱区の鉱業権者（鉱業権の消滅の時に当該鉱業権に租鉱権が設定されていたときは、その租鉱区については、当該租鉱権者）が、その損害を賠償する責に任ずる」と規定している。この規定は、旧鉱業法の第七四条ノ二第一項に相当するものであって、その規定内容からも理解されるように、同規定は、「鉱物の掘採のための土地の掘さく、坑水若しくは廃水の放流、捨石若しくは鉱さいのたい積又は鉱煙の排出」によって他人に損害を与えたときは、少なくとも規定の形式からいえば当該鉱区の鉱業権者・租鉱権者（以下では、たんに鉱業権者と呼ぶ）になんら故意・過失を要件としないで賠償責任を認めているのである。

そこで、このような規定形式から、一般に、鉱害賠償責任は、過失責任と異なり、鉱業権者のなんら故意・過失を要件としない、また、その意味における無過失責任と解されるのが通説となっている。しかも、この場合の無過失責任は、行為「瑕疵」を要件とするものでもなく、また、なんら免責規定もないところから典型的無過失責任と解されるわけでもある。このように、一般には、鉱害賠償責任が鉱業権者のなんら故意・過失にかかわらない、また、その意味での無過失責任と解するのが通説であるが、それでは、それがどのような根拠にもとづいて無過失責任になるかとなると、従来、この立場から特に鉱害賠償責任を取りあげて論じた学説はあまりないので必ずしも明白とはいいがたい[8]。通常は、わが国の鉱害賠償制度の母法となったドイツの鉱害賠償規定の解釈理論[9]やわが国の無過失責任の一般理論から、おおかたは鉱業権者の危険責任・報償責任（両者の併用ないし結合。以下も同様である）と解しているものといえよう[10]。しかし、このような通説の立場に対しては、後述のように結果としての結論それ自体の正当性はともかく、さしあたり次のような疑問点が提起されるのである。すなわち、ドイツの鉱害賠償規定と異なり、右にみられるようにわが国の鉱害賠償規定は、鉱業権者が無過失責任を負う場合の損害を「鉱物の掘採のための土地の掘さく、坑水若しくは廃水の放流、捨石若しくは鉱さいのたい積又は鉱煙の排出」による損害、というように定型化しているのである。しかし、鉱業の実施による損害には各種の損害があるわけで、その各種の損害のうち、なぜ、これらの定型化された損害についてのみ過失責任でなく無過失責任になるのかについて十分な説明がないと、結果として鉱害賠償規定の適用を不公正ならしめる恐れがあるとともに、より直接には、次にみられるように、過失責任説ないし過失立証不要責任説に立っての鉱害賠償責任説を出現させることとなるのである。

一般に、鉱害賠償責任が鉱業権者の無過失責任とされるのに対して過失責任としての鉱害賠償責任を主張せんとする立場の根拠は、鉱業という企業活動にもとづく損害にあっては、その損害は鉱業権者の予見可能な損害であり、したがって、鉱業損害においては、鉱業権者の過失の不存在ということはありえないとする点にあるといえよう。そして、かかる立場が、特に鉱業賠償責任を取りあげて論じた学説において、むしろ有力となっていることは注目されてよい。たとえば、その代表としての平田博士は、過失責任としての鉱害賠償責任について次のように述べておられる。(11)鉱害賠償責任が無過失責任とされる理由は、

一は鉱害（又は類似の企業被害）を発生せしめる行為は適法行為なるが故に過失なしとするものであり、他は鉱害（又は類似の企業被害）に於て損害防止の手段を尽す以上は過失なしとするものである。第一説の適法行為なるが故に過失なしとは、過失を以て違法の意に解するものであるが、しかし、かく過失を違法と同視することは過失を普通の用語に於ける意味に解するに止まり、これ

を法律上の正当の意味に解するものではない。……次に第二説の損害防止の手段を尽す以上は過失なしとは、かかる手段を尽すときは違法なしの意なるならば、この説は過失と違法とを同視することとなり、その不当なるは上述したところである。或は本説は損害防止の手段を尽すときは加害者は損害の発生を容認せず、又は希望せざるが故、故意なしの意なるならば、既述の如く鉱害に付ては容認説論者、希望説論者共に故意の存することを認めているから、重ねて本説は不当といわねばならない。

とされるのである。したがって、この立場は、結局、鉱害賠償責任を鉱業権者の過失責任と解することになることはもちろんであるが、その結果、鉱業法第一〇九条第一項が、なんら鉱業権者の故意・過失を規定していないのは、「賠償義務者の故意過失を立証せしめる煩を避けるため、かかる無過失責任の形式を採ったに過ぎないもの」とする、つまり過失立証不要責任と解することとなるのである[12]。

鉱害賠償責任をめぐる無過失責任説の内容の不明確さは、このように過失責任説ないし過失立証不要責任説（以下では、たんに過失責任説と呼ぶ）を出現させるのであるが、たしかに、この過失責任説には傾聴に価する点がみられる。特に、その根拠としての鉱業損害をめぐる鉱業権者の予見性であるが、未掘採鉱物の採取という鉱業の全体的な企業活動を前提とする場合、一般的には損害発生の予見性は必ずしも存在しがたいとばかりはいいえないからである。しかし、それでは鉱害賠償責任をこのような過失責任に立って位置づけてよいかとなるとこれまたにわかに賛成しがたいこととなるのである。なぜかといえば、過失責任説に対してはさしあたり次のような疑問を提出せざるをえないからである。すなわち、その一つは、過失責任説のいう過失立証不要の意味である。それが過失の「看做す」を意味するものであればともかく、そうでなくただ過失の推定を意味するものとすれば、そのことはもちろん訴訟において加害者の側の反証提出の機会をも否定するものではありえないから、逆に鉱業権者が過失なかりしことを立証した場合の取り扱いはどのようになるのだろうかということである。かりに右の点が解決されうるとしても、第一〇九条第一項が鉱業権者に鉱害賠償責任を認めているのは、「鉱物の掘採のための土地の掘さく、坑水若しくは廃水の放流、捨石若しくは鉱さいのたい積又は鉱煙の排出」によって生じた損害のみである。そこで、疑問となるのは、鉱業上の損害には、日常の生活行為にもとづく損害から鉱業に固有するような損害に至るまで沢山の損害がみられるが、そのうち、なぜ右の行為によって生じた損害についてのみ鉱業権者に鉱害賠償責任を認めたのか、いいかえると、これらの損害に対してだけ過失立証の不要を認めたのかの理由である。この点は、過失責任説からは何もうかがいえないところであるが、その結果、同説が、鉱業実施上しばしば紛争となりがちな、たとえば露天掘、鉱区外の補助坑道掘進、石油井における油の流出、探鉱のためのボーリングなどによる損害のように、第一〇九条第一項に規定はされていないが、しかし、そこに規定される損害原因行為と類似するような行為によって生じた損害に直面した場合、かなりの困難に逢着するように思われる。

第二の疑問点は、さきの土呂久鉱害訴訟にみられたような未操業の譲受鉱業権者の鉱害賠償責任である。下級審判決は、鉱業法第一〇九条第三項を根拠にいずれも未操業の譲受鉱業権者の鉱害賠償責任を肯定している。しかし、後述のように賠償責任の集中ないし代位責任になじみやすい無過失責任説の立場に立てばともかく、過失責任説では賠償責任者の過失、したがって賠償責任者の過失行為を前提にせざるをえず、無操業者について過失行為を説明することは、かなり困難な事柄のように思われるところである[13]。

(2)　以上に述べたところから、鉱害賠償責任をめぐる従来の学説は、すなわち、無過失責任説も過失責任説もともにその内容において不明確さを残しており、その結果、これらの学説からは、鉱害賠償責任の成立要件上の特徴はもちろんのこと、したがってまた、同責任の適正妥当な適用もとうてい期待しがたいことが理解されたわけである。

ところで、ここでいま一度考えられることは、内容においてはともかく、その根拠とするところは一応考えられないでもない過失責任説が主張するような過失責任としての鉱害賠償責任の意味である。というのは鉱業損害、特に第一〇九条第一項に規定されるような原因行為にもとづく損害に対する予見性と、通常の日常生活にもとづく損害に対する予見性とは同じ予見性といってもそこにはかなり差異がありそうであり、したがってまた、それぞれの予見性を前提とする二つの過失責任の間におのずから差異があるように思われるところである。そして、かりに、その両者の間には差異が認められるとすれば、その差異の理解によっては右の過失責任説への疑問もかなり解決することが可能のように思われないではない。しかし、もちろん、ここで過失責任の本質について触れることは本章のよくできるところではない。したがって、ここでは、さしあたり過失責任について、かなりその内容を適切に示しているものと考えられる独民法第二草案起草委員会の議事録を通じて、以下、両者の差異をみることにする。

きわめて、古いところの賠償が復讐であり、やがて、それが贖金へと変化していくように、社会の発展とともに刑罰の思想を私法より駆逐したことは、人類の歴史的獲得でもあったし、また民事責任の目的が、よって生じた損害の塡補にあることは一般に承認されているところといってよいであろう。(14)しかし、にもかかわらず、近代市民法が、おしなべて過失責任を原則とした理由はどこに求められるべきであろうか、この点について右の独議事録は次のように述べている。(15)

損害賠償義務は過失を要件とするとの原則の定立は実質的妥当根拠を欠かずして、より高次の文化発達の一結果であろう。それは個人がその個性を発展することの許される権利領域の限界づけにとって決定的意義を有する。その行為および不行為に当り相当の注意を用いざれば危険を生ずると認められる範囲でのみ他人の法律上保護された利益を尊重すればよい。他人によっての危険性が注意深く吟味しても認知しえないような行為をなすことは許される。だからとて、その行為は他人の権利領域に有害な影響を及ぼすかもしれないが、被害者はこの影響を事変（Zufall）のごとく甘受せねばならぬ。原則として草案の見地を棄ててさらに進めば、決して取引の発展に役立たずして恐らく個人の活動の自由が過度に制限されることになろう。ともかく学問上原因主義は法律の基礎にしうる程度に完成されてはいない。事情により、正義および衡平を顧慮して、個々の場合に過失主義をもって一貫することをよさねばならぬことのあるのは別問題である。草案は例外を知らなかったが当委員会は既にいくつかの場合に過失と無関係に損害賠償主義を定立した。そして恐らくその外にも例外を認容するであろう。しかし、それによってこの主義の正当さには影響がない。

すなわち、この独議事録の説明からすれば、近代市民法が古い原因責任に取って代わり過失責任を原則とした理由は、結局、過失責任が「個人がその個性を発展することの許される権利領域の限界づけにとって決定的意義を有する」点であって、つまり「近代法が個人の自由活動を最高の理想となし、故意過失なき所に賠償責任を認むることは個人の自由活動を萎靡せしむると考えたからに他ならない」こととなるのである。(16) そして、このような過失責任の最もよく妥当する場合が、「その行為および不行為に当り相当の注意を用いざれば危険を生ずると認められる範囲」の損害、言葉を変えれば相当の注意を用いれば結果回避の可能な範囲の損害に対してということになるのである。

そこで、本来の過失責任（主義）が、以上のように、個人の自由活動の保護と調和された損害塡補の救済方法であり、したがって、その最も妥当する場合が相当の注意を用いれば結果回避の可能な範囲の損害であることを認めようとする立場からは、その場合の過失責任をめぐる損害発声の予見性は、たんなる予見性ではなく結果回避のための予見性であり、つまり結果回避義務に結合された予見義務としての予見性であることはあまり多くの説明を要しないところであろう。(17) そしてこのように過失責任の最も妥当するより現実的場面が、通常の日常生活行為にもとづく損害であることもしごく当然といえよう。したがってまた、このような通常の日常生活行為にもとづく損害を前提とするかぎり、その場合の過失は、わが国の通説にみられるように予見義務違反といおうと、(18) あるいは判例にみられるように結果回避義務違反といおうと、(19) それは、たんに説明上の差異にすぎず、結果としてはなんら差異はなく、(20) また、その結果はあらゆる人に、いわば互換的に及ぶものである。

このように、かりに本来の過失責任の予見性は、結果回避義務に結合された予見性であり、また、その最も妥当する場合が相当の注意を用いれば結果回避の可能な範囲の損害ということになると、そこでいわれる予見性と当面の課題である鉱業損害、特に第一〇九条第一項に規定される「鉱物の掘採のための土地の掘さく、坑水若しくは廃水の放流、捨石若しくは鉱さいのたい積又は鉱煙の排出」による鉱業損害（以下では、たんに鉱害と呼ぶ場合もある）をめぐる予見性との間にはかなり差異がありそうである。すなわち、全体としての鉱業企業活動を前提とする場合、結果として発生する鉱害について、たしかに一般的には予見性なしとはいえないであろう。しかし、ここで注意されねばならないことは、その場合の予見性は、たとえば鉄道や航空機の営業における運行事故などと同じようにその種類などはかなり定型化も可能なほどであるが、しかし、何日・何処で発生するかという具体的損害になると、大変、特定のしにくいいわば観念的予見性だということである。したがって、このように具体的損害となると特定のしにくい損害に向けられた観念的予見性の下では過失責任の本来の目的ともいいうる結果回避の期待は、大変、困難になるわけで、しいて結果回避の実行を期そうとすれば、極論すれば、それは全体としての企業活動それ自体の停止以外に方法がないともいいうるところである。しかし、もちろん、鉱業に対する社会の必要性は、一般にはこのような停止を承認しないところであろう(21)、つまり、その意味では、鉱害に対する予見性は、そのままでは結果回避義務に結合しがたい予見性ということになるのである。そして、このような意味での予見性は、たんに鉱害や鉄道・航空機事故にとどまるものではなく、程度の差を問わなければ、ほとんど近代企業損害について指摘しうるところともいえよう。そこで、もし、鉱害に対する予見性が、このように結果回避義務に結合しがたい予見性であり、その点で本来の過失責任における予見性とかなり差異がみられるということになれば、過失責任説がいうように、そこに予見性があるからといって、なにも鉱害賠償責任を過失責任として位置づける必要はなさそうである。むしろ、過失責任として位置づけるよりも、本来の過失責任の核というべき結果回避義務の非結合性ないし不存在という意味において、過失のない、つまり無過失責任として位置づけることが可能であり、また、そのように位置づけることが、損害塡補にとってより効果的であることは多くの説明を要しないところであろう。

ところで、このように、損害発生の予見性を認めながらもそれが結果回避義務に結合しないという点で、本来の過失責任の予見性とは異なるということから、近代企業からの損害の賠償責任を無過失責任として位置づける試みは、さきにエーレンツワイク博士によって提唱され[22]、近時ではキートン教授[23]、さらにはエッサー教授などによっても提唱されているところである[24]。そのうちのエーレンツワイク博士によれば、negligent causation は、合理人が行為者の地位に置かれたならば、生じた種類の損害を予見することができ、かつ、そのような原因行為を避けることが合理的に期待される場合に存在するものである。そして、このような negligent causation の下における予見性とそうでない予見性を区別し、前者の予見性によるネグリゼンスを本来のネグリゼンスとして moral negligence と呼び、後者のネグリゼンスを negligence without fault と呼ぶのである。そして、前者の moral negligence は、通常の日常生活行為からの損害に対して最も妥当するものであるのに対して、後者の negligence without fault は、個々の企業に定型的な損害であり、その損害は企業の出発に当って企業者に予見可能ではあるが、企業の停止以外には回避しがたい、つまり企業損害に対して最も妥当するネグリゼンスとするのである。そして、後者の negligence without fault による損害に対しては、それが回避しがたい損害であってみれば、その意味での危険な行為をさしあたり許容されることの社会への対価として、その企業からの定型的な損害の範囲で、なんら企業者の故意・過失を条件とせずして、つまり、もっぱら被害者への損害塡補作用（compensatory function）として無過失責任を認めようとするのである。[25] そこで、このようなエーレンツワイク博士の考え方をそのまま鉱害賠償責任に適用すれば、鉱害賠償責任は、もっぱら被害者への損害塡補作用として機能する negligence without fault としての鉱業権者の無過失責任であり、また鉱害の原因となる、つまり第一〇九条第一項の「鉱物の掘採のための土地の掘さく、坑水若しくは廃水の放流、捨石若しくは鉱さいのたい積又は鉱煙の排出」は、そのような無過失責任を負わすべき、鉱業に定型的な危険行為の例示ということになるわけでもある。[26] そして、このような立場からは過失立証などの問題が無用となることはもちろんであるが、さらに解釈上問題となる、たとえば露天掘、鉱区外の補助坑道掘進、石油井における油の流出、探鉱のためのボーリングによる損害などについても、それらの原因行為は、いずれもここでいう鉱業に定型的な危険行為の一種とみることができ、またそのかぎり、これまた鉱業権者の無過失責任の対象となることは当然ということになるのである。同時に、鉱害賠償責任を以上のような内容として理解するとき、このような理解は、結果として通説の採用する危険責任・報償責任としての無過失鉱害賠償責任と、いわば軌を一にするともみられるところである。

(8)　我妻栄「鉱業法改正案における私法問題」私法五号八二頁、同・事務管理・不当利得・不法行為九九頁参照。
(9)　ドイツでは、鉱業権者の危険責任と解するのが通説である（R. Müller-Erzbach, Gefährdungshaftung und Gefahrtragung, S. 258f.; H. Isay u. R. Isay, Allgemeines Berggesetz für die Preussischen Staaten, Bd. II, S. 61）。
(10)　たとえば、宗宮信次・不法行為論四八九頁、四宮和夫・事務管理・不当利得・不法行為（中巻）二五五頁、加藤一郎・不法行為〔増補版〕二一頁、幾代通・不法行為五頁など。
(11)　平田慶吉・鉱害賠償責任論一一二頁以下。
(12)　平田慶吉・鉱業法要義四五八頁、同「鉱害賠償規定解説」民商九巻五号九頁、同・鉱害賠償規定解説五六頁など。また、今日でもこの立場を支持され、したがって私の無過失責任の立場に批判を加えられるものに富井利安「無過失責任論の沿革と公害賠償責任(1)」社会文化研究（広島大学総合科学部紀要Ⅱ）五巻二九頁以下、同・公害賠償責任の研究七五頁以下がある。しかし、同じく過失責任から無過失責任への架橋理論を模索するものでありながら、私見と過失責任説との間にはかなり差異があり、過失責任説に対しては、本文のような疑問点が残るところである。
(13)　第一の疑問点を検討したものとして、徳本鎮「鉱害賠償責任の一考察」九州大学法学部創立三十周年記念論文集・法と政治の研究四七九頁、第二の疑問点を検討したものとして、徳本鎮「鉱業権の譲渡と鉱害賠償責任の帰属――近時の判決を手掛として」法政研究五六巻三＝四合併号（横山晃一郎教授追悼論文集）四五三頁がある。
(14)　民事責任をめぐる損害塡補性について、岡松参太郎・無過失損害賠償責任論五二三頁、平野義太郎「損害賠償理論の発展」牧野英一先生還暦祝賀論文集・法律における思想と論理一〇六頁、牧野英一「不法行為論の発展」法時五巻七号三頁、我妻栄「損害賠償理論における具体的衡平主義」志林二四巻三号八五頁、石本雅男・民事責任の研究二五七頁、四宮・前出注(10)二六三頁各参照。
(15)　来栖三郎・債権各論二二七頁。Protokolle der Kommission für die zweite Lesung des Entwurfs des Bürgerlichen Gesetzbuchs, Bd. II, S. 568f.; J. W. Hedemann, Die Fortschritte des Zivilrechts im 19 Jahrhundert, S. 111参

照。

(16) 我妻・前出注(8)事務管理九六頁、来栖・前出注(15)二二一頁参照。

(17) 四宮・前出注(10)三〇三頁、幾代・前出注(10)三八頁、平井宜雄・損害賠償法の理論四〇〇頁、森島昭夫・不法行為法講義一九六頁、沢井裕「不法行為法学の混迷と展望」法セ一九七九年一〇月号七六頁、前田達明・不法行為帰責論一八五頁各参照。

(18) 法務大臣官房司法法制調査部監修・前出注(1)二九八頁、菱谷精吾・不法行為論九四頁、鳩出秀夫・増訂日本債権法各論下巻九〇一頁、末弘厳太郎・債権各論一〇六八頁、我妻・前出注(8)事務管理一〇三頁、宗宮・前出注(10)五九頁、加藤・前出注(10)六四頁など。

(19) 判例については、平井・前出注(17)四〇二頁、前田達明・民法Ⅵ$_2$（不法行為）二九頁各参照。

(20) 幾代・前出注(10)三四頁、鈴木禄弥・債権法講義九頁など参照。

(21) 平井・前出注(4)一〇一頁、沢井裕・公害の私法的研究一七二頁、石田穣・損害賠償法の再構成九五頁など参照。

(22) A. A. Ehrenzweig, Negligence without Fault, p. 35.

(23) R. E. Keeton, Conditional Fault in the Law of Torts, 72 H. L. Rev., p. 401.

(24) Esser, Responsabilté et garantie dans la nouvelle doctrine allemande des actes illicites. Revue internationale de droit comparé, p. 482.

(25) 石本雅男「無過失損害賠償責任原因論(一)」神戸学院法学五巻二=三号一八三頁は、エーレンツワイク博士の「過失なき過失」とエッサー教授の「推定された過失の場合」とは、同概念とされる。

(26) わが国の公害について、危険性の予見可能な場合にも企業の存続を認めうることについて、沢井・前出注(21)一七二頁参照。ただ、観念的予見性があり損害発生の時・場所などの特定の蓋然性が高度になれば、少なくとも差止の保護形式としては、いちおうその資格を有し、その上で違法性の有無などにより差止が決定されると解すべきであろう。

第三節　客観的成立要件上の特徴

(1)　以上から、鉱害にあっては、そこに損害発生の予見性が存在しても、その予見性は結果回避義務に結合しがたい予見性ということから、結局、鉱業権者の無過失責任となること、また、鉱害の原因となる第一〇九条第一項の「鉱物の掘採のための土地の掘さく、坑水若しくは廃水の放流、捨石若しくは鉱さいのたい積又は鉱煙の排出」は、鉱業権者に無過失責任を負わすべき鉱業に内在する定型的な危険行為の例示ということが明確になったわけである。そのかぎりでは、鉱害賠償責任をめぐる従来の無過失責任説は、結果としては一応支持されてよいことにもなるわけである。しかし、ここで注意されねばならないことは、従来の無過失責任説の支持されるのは、同時に、それが限度でもあるということである。なぜかといえば、伝統的な過失責任の成立要件と比較した場合、鉱害賠償責任の成立要件は、以上のような主観的成立要件の面にとどまらず、さらに違法性、因果関係といった客観的成立要件の面においても以下に検討されるような修正がみられ、したがって、主観的・客観的両面にわたる具体的成立要件という観点からすれば、いわゆる無過失責任としての鉱害賠償責任は、伝統的な過失責任の主観的・客観的両成立要件の修正型として位置づけられねばならないからである。

そこで、まず、違法性についてであるが、右の鉱業に内在する定型的な危険行為であるが、これらの各危険行為は、たんに鉱業権者に無過失責任を負わすべき鉱業に内在する定型的な危険行為を例示するにとどまらず、それ自身、その各行為から生じた損害にかかわる違法行為の諸類型でもあるということである。すなわち、右の各危険行為はそのうちのどれを取りあげても鉱業経営の実施の面からいえば、それを欠いては鉱山の稼行が成立しない、つまり正当業務行為にほかならないのであり、そのかぎりでは、違法性阻却事由ともみられるところである。しかし、このような帰結は、もちろん、損害塡補作用として機能すべき無過失責任の正当な構成ではない。したがって、学説においても、一般論としてではあるが、「権利侵害」から違法性理論へ(27)、そしていわゆる「適法行為による不法行為(28)」、あるいは「賠償することを条件として許容される行為(29)」などと、伝統的な過失責任の下におけるとはかなり異なるともいえる違法理論を提唱することにより、その解決を試みてきたのである。そして、この種の損害のより具体的な違法評価は、被侵害利益と侵害行為との相関的判断によって求められるとするのが従来の通説の到達点でもある(30)。したがって、これらの学説を前提にすれば、第一〇九条第一項に規定される危険行為は、結局、その場合の被侵害利益と侵害行為との相関関係的判断の結果なお違法性ありと評価される、つまり、その意味での違法な損害を発生させる違法行為の定型化を意味するものと解さねばならないわけである。したがって、そのかぎりでは、これら各危険行為によって生じた損害、つまり鉱害にあっては、原則としてそれらの危険行為の正当業務性を理由にその違法性の有無は争いえないという点で、これらの各危険行為は、違法性阻却事由の限界づけを示すことになるわけである(31)。

(2)　以上は、鉱害賠償責任の客観的成立要件としての違法性についての原則的な特徴について考察したところである。しかし、鉱害賠償責任の成立要件上の特徴は、違法性にとどまるだけでなく、さらに因果関係の点においても、次のような伝統的な過失責任の下における因果関係とは異なる、つまり、その修正型として位置づけられるところである。(32)

一般に企業損害はそうであるが、特に未掘採鉱物の採取を目的とする鉱業からの鉱害は、その発生に相当の時間的経過を要し、かつ、その範囲はきわめて広汎に及ぶものである。したがって、鉱害におけるこのような事情の下では、たとえば、直接の原因行為者の移動、原因行為後の鉱業権の譲渡、隣接鉱区の稼行、他の原因行為の介入・競合などが生じやすく、結果として、原因行為と損害との間の因果関係は、きわめて不明確となりやすいのである。(33) したがって、鉱害におけるこのような因果関係の不明確さということを前提にするかぎり、すでに検討されたように、いくら鉱害賠償責任が無過失責任だとされても、その実効性はほとんど期待しがたいこととなるのである。なぜなら、不法行為の一般原則に従って、因果関係の証明を被害者に要求してみても、その証明には、きわめて多くの困難が予測されるからである。したがって、損害塡補作用としての無過失責任の趣旨を実現するためには、ここにどうしても因果関係の存在ないし証明についても、伝統的な過失責任の下におけるそれとは異なった修正型が試みられねばならないわけである。鉱害賠償責任をめぐるこの点の修正は、主として賠償義務者の画一化・共同責任化という方法を通じて行われ、大別して、次の二つに整理することができる。その一つは、一個の事業体にあっては、かりに法人であっても民法のように代表機関の行為についての法人の責任（民四四条）とか、被用者の行為についての使用者の責任（民七一五条）とか認めるのではなく、常に鉱業権者（もしくは租鉱権者）が画一的に責任を負うことである。その二は、右の原則を前提として、鉱業権の譲渡や変動のあった場合、あるいは二つ以上の鉱区（もしくは租鉱区）の稼行の場合などの賠償義務者の画一化・共同責任化である。[34] 以下に、その主要の場合を取りあげることにする。

（ア）　鉱害賠償にあっては、一個の事業体の場合、かりに法人であっても民法のように代表機関の行為についての法人の責任とか被用者の行為についての使用者の責任とかは認められず、常に鉱業権者が画一的に責任を負う。この原則の認められる理由は、直接には、鉱害における因果関係の不明確さから、損害塡補としての無過失責任の実効を期すためといってよいが、さらには、たとえば使用者責任などにおける求償権（民七一五条三項）の不合理さの是正といった面もあるといってよいであろう。[35] そして、近時の下級審判決が法人の企業責任を民法四四条や七一五条によらないで民法七〇九条によって認めるものが少なくないが、このような原則への接近を示すともみられるところである。[36]

（イ）　右の原則を前提として鉱害賠償では、原則として「損害の発生の時における当該鉱区の鉱業権者」（その鉱区に租鉱区があれば、それについては当該租鉱権者）が責任を負う（鉱業一〇九条一項）。鉱害にあっては、原因行為後損害の発生ないし確定までにかなり長期間を要するものが少なくない。その場合、鉱害原因が、どの時代の誰の行為にもとづくかを正確に証明してその者に損害賠償を請求してゆくことは、きわめて困難なことである。そこで、原則として「損害の発生の時における当該鉱区の鉱業権者」に一律に賠償責任を負わせることにより、無過失責任の実効を期しているわけである。ここで「当該鉱区の鉱業権者」とは、鉱害の原因である各原因行為の基礎となる鉱業権の権利者である。具体的には、自ら原因行為を行った鉱区の鉱業権者、および他の鉱業権者によって原因行為の行われた鉱区の承継鉱業権者である。したがって、鉱害の原因となった行為が行われた後、損害発生前にその鉱区を譲り受け、その後に損害が発生した場合、その損害賠償責任者は、原因行為者である譲渡鉱業権者ではなく、損害発生時の鉱業権者である譲受鉱業権者になる。この場合、損害発生時の鉱業権者は、その損害が譲渡鉱業権者の行為によるものであることを立証しても、賠償責任を免れることはできない。

（ウ）　損害発生の時にすでに鉱業権が消滅しているときは、鉱業権消滅の時における当該鉱区の鉱業権者（その鉱区に租鉱区があれば、それについては当該租鉱権者）が賠償責任を負う（鉱業一〇九条一項）。鉱業権消滅の場合には、後に同一地域に原始取得鉱業権者は現われうるが、承継鉱業権者はありえないわけであるから、最後の鉱業権者に責任を認めたのである。したがって、損害の原因となった行為を行った鉱業権者の鉱業権が消滅した後、同一地域に別の鉱業権が設定され、その原始取得鉱業権者が鉱業に着手する以前に損害が発生したような場合の賠償責任は、旧鉱業権消滅の時の当該鉱区の鉱業権者であり、新しい原始取得鉱業権者ではない。なお、ここで鉱業権の消滅といっているのは、鉱業権の放棄、取消、収用および試掘権の満了などにもとづくものである。学説の中には、鉱区の分割・合併も消滅原因と解するものもあるが、鉱区の分割・合併は、鉱業権の箇数または範囲に変動をきたすが、旧鉱業権が消滅して新鉱業権が発生するものではない。

（エ）　損害が二以上の鉱区または租鉱区の鉱業権者または租鉱権者の行為によって生じたとき、あるいは損害が二以上の鉱区または租鉱区の鉱業権者または租鉱権者の行為のいずれによって生じたかを知ることができないときは、各鉱業権者または租鉱権者は、連帯して賠償責任を負う（鉱業一〇九条二項）。鉱業権者と租鉱権者との行為の共同または両行為のいずれによるのか不明の場合も含まれる。鉱山地帯、わけても石炭の鉱山地帯では、大小さまざまの鉱区が隣接しあって稼行が行われている。その結果、二以上の鉱区の行為が共同して損害を発生させ、あるいは、隣接鉱区鉱業権者のいずれの行為によるものか不明の損害が発生することが多い。そこで右のような連帯責任が認められているわけである。

（オ）　損害の発生の後に鉱業権の譲渡があったときは、損害発生の時の鉱業権者およびその後の鉱業権者が連帯して賠償責任を負う。また、損害発生の後に租鉱権の設定があったときは、損害発生の時の鉱業権者および損害発生後に租鉱権者となった者が連帯して賠償責任を負う（鉱業一〇九条三項）。鉱業権の譲渡や租鉱権の設定による賠償責任の回避を防止し、被害者の保護を図ったものである。公売にかけられた鉱業権を競落により取得する場合も一般の譲渡の場合と同様に解される。損害発生の後に転々譲渡があったときは、すべての譲渡および譲受鉱業権者が連帯して賠償責任を負う。問題となるのは、損害発生時の当該鉱区の鉱業権者が損害発生後、当該鉱区のうちその損害に直接関係のある部分を減区し、他の直接関係のない部分の鉱業権を譲渡し、あるいはその鉱害に直接関係のある部分とない部分とに鉱区を分割して後者のみを譲渡した場合に、譲受鉱業権者が譲渡鉱業権者と連帯して賠償責任を負うかどうかである。いずれも連帯して賠償責任を負うものと解される。

（カ）　鉱業法第一一〇条は、連帯賠償義務者相互間の負担部分および償還請求について規定を設けている。すなわち、以上にみられるように、鉱業法第一〇九条による賠償義務者は必ずしも真実の原因行為者とは限らない。賠償義務者の画一化・共同責任化を通じて、真実の原因行為者でなくても賠償義務者となるわけである。しかしこれは、無過失責任の趣旨の実効を期するため、つまり被害者の損害塡補の完全を期するためであって、真実の原因行為者でない者の負担において真実の原因行為者を利得させる趣旨ではない。つまり、鉱害賠償責任の画一化・共同責任化は、あくまでも対賠償請求権者の関係であり、内部的な関係における賠償義務は、原則として真実の原因行為者が負担するのである。したがって、真実の原因行為者でないにもかかわらず、賠償責任の画一化・共同責任化の結果、賠償責任を負い、またその賠償義務を履行した者は、真実の原因行為者に対し、不当利得として、求償権を行使することができるわけである。

(3)　鉱害をめぐる因果関係の不明確さは、損害塡補作用としての無過失責任の実効を期するためには、以上のような賠償義務者の画一化・共同責任化という過失責任の下ではみられがたい新しい制度[37]を出現させるのである。しかし、それでは、このような制度で因果関係のそして少なくとも成立要件上の問題はすべて解決されるのかというと、必ずしもそうではない。これらの制度を前提としつつもその限度で、各原因行為と損害との間の成立要件としての因果関係という問題はなお残るのである。なぜかといえば、鉱害賠償責任は、すでにみられたように「鉱物の掘採のための土地の掘さく、坑水若しくは廃水の放流、捨石若しくは鉱さいのたい積又は鉱煙の排出」によって生じた損害についての責任だからである。そのかぎりでは、具体的法適用に当っては、やはりその限度での因果関係の証明ということは避けられないわけで、また、その挙証責任は、原告被害者の側にあるとするのが従来の判例・通説である。しかし、挙証責任が原告被害者にあることは当然だとしても、この原則にもとづいて、原告被害者が、裁判官をしていわゆる確信を得させる状態にまで立証しなければならないとすれば、その困難なことは述べるまでもなく、ひいてはこれまた無過失責任の認められた趣旨を失いかねないところである。そこで、この点を解決しようとするのが因果関係をめぐる、いわゆる蓋然性説[38]である。すなわち、原告被害者による鉱害の因果関係の証明については、その存在することのかなりな程度の蓋然性を示すことでいちおう充足されたものとし、被告鉱業権者・租鉱権者の側で因果関係なかりしことの証明がないかぎり、それで因果関係は確定すると考えるものである。この考え方は、原告の立証の程度引下げと被告の立証の程度引上げとの両方を問題にするものであり、裁判所の心証は、いわばその相関によって形成され、また、形式的にはともかく、実質的には挙証責任の転換を意図[39]するものといってよい。そして、因果関係のきわめて不明確な鉱害にあって無過失責任の趣旨を実現しようとすれば、賠償義務者の画一化・共同責任化に加えて、さらにこのように運用上の工夫を試みることがより公平と思われるところに、この理論の妥当根拠があるともいえるところである。そして、イギリスやドイツの鉱害賠償制度では、この点がすでに立法的に解決されていることは、十分、注目されてよいところであろう[40]。

(27) 末川博・権利侵害論三〇〇頁参照。
(28) 末弘厳太郎「適法行為による『不法行為』」民法雑記帳三二四頁参照。
(29) 我妻・前出注(8)事務管理一〇一頁参照。
(30) 我妻・前出注(8)事務管理一一五頁で提唱され、今日の通説となっている(加藤・前出注(10)三五頁、幾

代・前出注(10)六二頁、森島・前出注(17)二三四頁参照)。

(31) 徳本鎮「鉱害賠償」現代損害賠償法講座(5)二八五頁。原子力損害についてこの点を指摘されるものとして加藤一郎・不法行為法の研究九三頁、星野英一「原子力災害補償」民法論集三巻四〇五頁などがある。

(32) 本章で伝統的な過失責任の成立要件といっているのは通説（たとえば、我妻・前出注(8)事務管理一〇三頁、加藤・前出注(10)三〇頁、幾代・前出注(10)一〇五頁、星野英一「故意・過失・権利侵害・違法性」私法四一号一六九頁など）を前提としてのことである。しかしこの点については、今日、新違法性論（たとえば、柳沢弘士「ケメラーの民事不法理論(三)」日法三一巻四号一五七頁）新過失論（たとえば、平井・前出注(17)三九四頁）、新受忍限度論（たとえば、野村好弘「故意・過失および違法性」公害法の生成と展開三八七頁、淡路剛久・公害賠償の理論四五頁）、違法性一元論（たとえば、乾達明「不法行為についての一考察」論叢八二巻六号七四頁）などのみられるところである。

(33) 鉱害の因果関係の不明確さを指摘するものとして、我妻栄＝豊島陞・鉱業法二八二頁、徳本鎮・農地の鉱害賠償（法学理論篇）五二頁などがある。

(34) 徳本鎮「鉱業法（抄）」註釈公害法大系四巻三九九頁以下。

(35) 我妻・前出注(8)事務管理一七八頁、加藤・前出注(10)一九〇頁、幾代・前出注(10)二〇〇頁、武久征治「被用者に対する求償の制限」現代損害賠償法講座(6)八七頁参照。

(36) これらの判決については、徳本鎮「企業責任」法学教室〔第二期〕八号四五頁参照。なお、神田孝夫「企業の不法行為責任について」北法二一巻三号六一頁、田上富信「使用者責任」民法講座6四五九頁各参照。

(37) これらの各制度については、我妻＝豊島・前出注(33)二八二頁以下、宗宮・前出注(10)九一頁以下、徳本・前出注(34)三九九頁以下各参照。

(38) 徳本鎮「鉱害賠償における因果関係」法政研究二七巻二〜四合併号（舟橋先生還暦祝賀論文集）五九頁、同「公害の民事的救済と因果関係」法政研究三六巻二〜六合併号（高田先生還暦祝賀論文集）五一頁など。

(39) イタイイタイ病鉱害訴訟の名古屋高金沢支判昭和四七年八月九日判時六七四号二五頁の判旨は、ほぼ私見と同様である。

(40)　たとえば、イギリスの一九五七年の Coal Mining Subsidence Act,§13やドイツの一九八〇年の Bundesberggesetz, §120は、いずれも鉱害の推定規定を設けている。

第四節　結　語

(1)　わが国において、いわゆる無過失理論が提唱されたのはそれほど新しいことではない。また、具体的な無過失賠償制度もかなりな数にのぼっている。それでいて、いわゆる無過失責任とは何であろうか、となると、それほど明白ではない。そこで、わが国で最初とされた鉱害賠償制度を取りあげ、その成立要件上の特徴を指摘し、鉱害賠償責任の、いわゆる無過失性を明らかにしようとすることが本章の目的であった。その検討の結果明らかにされたことは、いわゆる無過失責任としての鉱害賠償責任は、伝統的な過失責任の故意・過失というたんに主観的成立要件にとどまらず、さらに違法性、因果関係という客観的成立要件の修正型としても位置づけられるということであった。言葉を変えれば、このような修正型においてのみ、通常の日常生活行為にもとづく権利侵害と異なり、鉱業という一つの企業活動行為によって侵害された権利は、その消極的保護、つまり損害塡補を可能にすることができるということでもある。したがってまた、鉱害賠償責任については、まず、このような成立要件上の特徴を十分理解することが、その適正な法適用の出発点になるであろうことは、あまり説明を要しないところであろう。

(2)　同時に、このような反省は、本章では検討されなかったが、「問題の所在」に挙げられたその他の各無過失賠償制についても必要なように思われる。これらの各制度についても、一般には、ただ伝統的な過失責任の故意・過失という主観的成立要件の修正型としてのみ理解されがちであるが、しかし、具体的法適用という観点からは、故意・過失が不要とされればなおのこと成立要件としては違法性や因果関係こそが裁判上の主要争点になってくるからである。したがって、これらの各制度についても本章のような観点からの検討が必要であり、その意味では、望ましい、いわゆる無過失責任理論の一つの試みは、このような観点からの各制度の総合的検討によってようやく可能になるともいいうるところである。

第八章　鉱業権の譲渡と鉱害賠償責任の帰属
——近時の判決を手掛として

第一節　問題の所存

一　民法七〇九条以下の不法行為制度の特別法として、鉱業権者の、いわゆる無過失責任を根拠とする鉱害賠償制度が制定されたのは昭和一四年の旧鉱業法の一部改正においてである。この鉱害賠償制度を基本においてはそのまま継承する[1]現行鉱業法一〇九条以下の鉱害賠償責任について、通常みられがちな現に操業中の鉱業権者の鉱害賠償責任については、たとえばイタイイタイ病鉱害訴訟などの提起もあって、判例・学説上、かなりその検討のみられるところである。[2]しかし、鉱業権譲渡後の鉱害賠償責任、わけても無操業の譲受鉱業権者の鉱害賠償責任の帰属ないし在り方になると、その内容は必ずしも明らかとはいい難い。この点について、現行鉱業法一〇九条一項は、鉱物の掘採のための土地の掘さく、坑水若しくは廃水の放流、捨石若しくは鉱さいのたい積又は鉱煙の排出によって他人に損害を与えたときは、損害の発生の時における当該鉱区の鉱業権者（当該鉱区に租鉱権が設定されているときは、その租鉱区については、当該租鉱権者）が、損害の発生の時既に鉱業権が消滅しているときは、鉱業権の消滅の時における当該鉱区の鉱業権者（鉱業権の消滅時に当該鉱業権に租鉱権が設定されていたときは、その租鉱区については、当該租鉱権者）が、その損害を賠償する責に任ずる」と規定する。また、同条三項は、「前二項の場合において、損害の発生の後に鉱業権の譲渡があったときは、損害の発生の時の鉱業権者及びその後の鉱業権者が、損害の発生の時の鉱業権者及び損害の発生の後に租鉱権者となった者が、連帯して損害を賠償する義務を負う」と規定する。しかし、これらの規定が鉱業権譲渡の場合、わけても譲受鉱業権者が無操業のような場合にどのように適用されるかについては、従来、直接、その点を争った訴訟も皆無に等しく、したがって、学説上も十分検討されないままに推移してきたのがその実状である。

二　ところが、このような状況の中で、いわば正面から譲受鉱業権者の鉱害賠償責任の適用の在り方を求めたのが、近時の、いわゆる土呂久鉱害訴訟である。この訴訟は、すでに第一次訴訟が第一審、第二審判決を経て最高裁に、また、第二次訴訟が第一審に、それぞれ係属中である。[3] そして、譲受鉱業権者の鉱害賠償責任につき、譲受鉱業権者が全く操業を実施していない場合に、なお鉱害賠償責任を負いうるかを主要争点としているところに、被害の深刻さとともに、土呂久鉱害訴訟の特徴がみられる。問題は、結局、基本において鉱害賠償責任をどのように理解するかであるが、しかし、鉱害賠償責任については、従来、それを無過失責任と解する通説と過失責任と解する有力説が大きく対立しているところでもある。他方、わが国の鉱業の現状では多数の休廃止鉱山のみられるところである。以下、土呂久鉱害訴訟、わけても第一次控訴審判決を手掛に、鉱害賠償責任の一場合として、特に無操業の譲受鉱業権者の鉱害賠償責任の在り方について検討を試みる次第である。

（1）　我妻栄「鉱業法改正案における私法問題」私法五号八二頁参照。
（2）　富山地判昭和四六年六月三〇日判例時報六三五号一七頁、名古屋高金沢支部判昭和四七年八月九日判例時報

六七四号二五頁。学説としては、たとえば、好美清光・竹下守夫「イタイイタイ病第一次訴訟第一審判決の法的検討」判例時報六四六号一一四頁、淡路剛久・鉱害賠償の理論一七頁など。

(3)　土呂久鉱害訴訟第一審判決については、宮崎地延岡支部判昭和五九年三月二八日判例時報一一一一号三頁、同第二審判決については、福岡高宮崎支部判昭和六三年九月三〇日判例時報一二九二号二九頁をそれぞれ参照。

第二節　控訴審判決の立場

一　ここで取り上げる判決は、いわゆる土呂久鉱害訴訟の第一次控訴審判決である。(1)はじめに、その事案を概観しておくのが便宜であろう。(2)宮崎県西臼杵郡高千穂町大字岩戸の土呂久地区は、土呂久川を底部とする高度差が数百メートルに及ぶ谷あいにあり、ここに旧土呂区鉱山（宮崎県採掘権登録第六五号、同八〇号。以下では本件鉱山と呼ぶ）が位置している。本件鉱山では、大正中頃から本格的に砒鉱の採掘、亜砒酸の製錬が行われるようになったが、製錬は、戦前は昭和一六年まで（但し、昭和二年から五年までの期間を除く）そして戦後は昭和三〇年から鉱山が閉鎖された昭和三七年まで行われた。亜砒酸の製錬法は、砒鉱を焙焼する方法によったが、製錬に際し亜砒酸及び亜硫酸ガスが鉱煙とともに炉から大気中に排出されていた。また、採掘や製錬時に生じた大量の捨石、鉱滓は坑口や川べり等に投棄されて堆積し、亜砒酸の付着した焙焼炉等の諸施設は、閉山後も昭和四六年まで適切な防護措置が施されることなく放置された。このように、永年にわたった本件鉱山からの亜砒酸を含む鉱煙の排出、砒素を含んだ捨石等の堆積、施設の放置、坑内水の放流により、土呂久地区に大気、土壌、河川水は汚染され、住民は、長期間継続的に砒素に曝露された状態の中で生活していた。本件鉱山の鉱業権は前記のとおり二権あって、各鉱区につき各別に権利移転がされていた時期もあったが、昭和一二年一月以降は同一の権利者に帰属し合併施業がされた。被告（金属鉱山株式会社、第一審被告・第二審控訴人兼付帯控訴人ないし被控訴人、以下では被告と呼ぶ）は、昭和四二年四月一九日前鉱業権者A（鉱山株式会社、訴外）から、Aに対する債権の代物弁済として両鉱業権を譲受けたが、自身はなんら操業することなく、同四八年六月二二日両鉱業権を放棄し、同月三〇日鉱業権消滅の登録をした。土呂久地区に永年居住した原告（第一審原告、第二審被控訴人兼付帯控訴人ないし控訴人、以下では原告と呼ぶ。原告は二三名であるが、そのうち一一名が訴訟提起前又は提起後に死亡したため、その相続人が原告となっている）は、右のように永年継続的に砒素などに曝露されたことにより慢性砒素中毒症に罹患し重大な健康被害も被ったと主張して、最終の鉱業権者である被告に対し、慰謝料として、弁護士費用を含めて、三、三〇〇万円ないし七二四万円余りを請求した。第一審判決は、原告のうち二一名については請求を容認し（認容額は三、三〇〇万円ないし四四〇万円）、一名については訴訟前の健康被害和解契約の効力を認め請求を棄却した。この第一審判決に対し、被告は、これを不当として控訴し、併せて仮執行原状回復請求を求めが、第一審判決で勝訴した原告も請求を拡張する（死者一人につき六、〇〇〇万円、生存者一人につき四、〇〇〇万円）などの附帯控訴をし（甲事件）、また、第一審判決で敗訴した原告の一名も控訴した（乙事件）。本控訴審判決（以下では、たんに本判決と呼ぶ）は、甲事件につき、損害額については被告の控訴を容れ、原告の附帯控訴を棄却し、第一審判決を変更した。また、乙事件につき、原告の控訴を容れ、被告に対し一、三二〇万円の支払を命じた。控訴審においても第一審と同様に、㋑鉱山から排出される亜砒酸等と慢性砒素中毒症罹患等の被害との法的因果関係の有無、㋺慢性砒素中毒症の病像、㋩鉱業を実施しなかった鉱業権者の鉱害賠償責任の有無、㋥和解契約の解釈、㋭鉱業法一一五条二項の「進行中」の損害の意義などが争点となったが、本判決は、第一審判決と、ほぼ同様の認定・判断をして被告の多岐にわたる主張を排訴した。また控訴審では、さらに公害健康被害補償法に基づく補償給付による損害の補塡の可否および旧民事訴訟法一九八条二項の「仮執行ノ宣言ニ基キ被告カ給付シタルモノ」の意義についても争われたが、本判決は、この点に関する被告の主張を採用して、被告の抗弁ないし請求を求めている。(3)

二　以上が、本判決の事案の概略である。その概略からも理解されるように、本判決の争点は多岐にわたり、また、法律論としても重要なものが少なくないわけであるが、最も中心となるものは、鉱業権の譲受鉱業権者の鉱害賠償責任であり、わけても無操業の譲受鉱業権者の鉱害賠償責任の有無についてである。したがってまた、本章が、その点に焦点を置く鉱害賠償責任の一考察であることは「問題の所在」に述べられるとおりである。

そこで、この無操業の譲受鉱業権者の鉱害賠償責任に対する本判決の立場であるが、本判決は、まず、その前提としての因果関係について、「個々の被害者の個々の疾病について、砒素等曝露のみが原因であるとまでは断定できないが、翻えって砒素等曝露の影響が全く否定されるものと認めるに足る証拠はなく（この点で個別鑑定をなしても、現時の医学知見上、そのいずれも断定し得る結果を得ることはないものと考える)。かえって前示資料を総合すれば右のような蓋然性を高度に認めざるを得ず、その限りにおいて法的因果関係を肯定し得るものというべきである」として、その存在を肯定する。(4) そして、「右慢性砒素中毒症の特質からすれば、鉱害を原因として発症した慢性砒素中毒症患者の健康被害は、臓器毎の各症状毎に別個の健康被害を被ったものと解すべきではなく、それら健康被害の総体を一個の被害、つまり慢性砒素中毒症をもって総括される過去、現在、将来発症する症状全体をもって、一個の健康被害と認めるのが相当である」、としている。(5) そして、この鉱害の因果関係を前提に、無操業の譲受鉱業権者の鉱害賠償責任につき、「被告の本件鉱害に基づく本件被害者らに対する責任の根拠は、第一に、現行鉱業法施行前の操業により、同法施行前に生じた損害については、同法一〇九条三項の鉱業権譲受人としての責任、第二に、現行鉱業法施行後に生じた損害については、その原因となった操業が同法施行前になされたものか、施行後になされたものかを問わず、被告の鉱業権取得前に生じた損害については、現行鉱業法一〇九条三項の鉱業権譲受人としての責任、右鉱業権取得後鉱業権放棄までに生じた損害については、同法一〇九条一項前段の損害発生当時の鉱業権者としての責任、右鉱業権放棄後に生じた損害については、同法一〇九条一項後段の鉱業権消滅時における鉱業権者としての責任」であるとし、また、第三に、旧鉱業法改正法施行前に生じた損害についても、「その後同鉱業権を現行鉱業法施行後に譲り受けた鉱業権者は、鉱業法施行法三五条四項により現行鉱業法一〇九条三項の責任を負う」、とするものである。(6) そして、右の適用については、「もともと本件被害者らの慢性砒素中毒症発症の時期並びに終期が何時であるかということは、適用法条の相異をもたらすだけで、被告の責任の有無には何らの影響も及ぼさす、本件においてこれを特定する必要を認めない」、とするのである。[7] しかも、本判決は、右のような無操業の譲受鉱業権者の鉱害賠償責任の適用をめぐっては、「なお、付言すれば、鉱業権者の鉱害に関する責任は、過去鉱業の実施には幾多の鉱害が随伴し、この場合鉱業権者の責任が慣習化していたことを考慮し、鉱害被害者の救済を目的として法制化されたものであり、そのため、鉱害の賠償は個々の操業を原因としてその操業者に責任を負担さしむべきものではなく、鉱業権自体の責任として、その鉱業権の実施（操業）が何時、何人の手によってなされたかを問わず、その鉱業権の実施より生ずる損害である以上、損害顕現の時の鉱業権者においてこれを負担すべきもの、換言すれば、鉱害賠償責任は、ひっきょう、原因たる操業の責任（原因主義）ではなく、鉱業権を有することによる責任（所有者主義）として法制化されたものと観念するのが相当である。このように解しても、既に鉱害が顕在し、あるいは未だ潜在している鉱業権を譲り受ける者としては、そのような顕在あるいは潜在する鉱害に基づく賠償責任負担の危険を考慮のうえ取得するか否かを決定することができ、また、その価格に右危険を反映されることもできるのであるから、鉱害被害者の救済とのバランス上鉱業権譲受人にとって特に酷であるとも認められない」として、[8] その適用根拠の理由づけを明白に示している点で、きわめて注目されるところとなっている。

（1）　福岡高宮崎支部判昭和六三年九月三〇日判例時報一二九二号一二九頁。

（2）　事案の概観については、本件判決のほかに、その第一審判決である宮崎地延岡支部判昭和五九年三月二八日判例時報一一一一号三頁をも参照。

(3) 判例時報一二九二号三〇頁参照。
(4) 前掲判例時報七三頁参照。
(5) 前掲判例時報七四頁参照。
(6) 前掲判例時報七四頁以下参照。
(7) 前掲判例時報七五頁参照。
(8) 前掲判例時報七五頁参照。

第三節　控訴審判決・学説の検討

一　以上が、本判決事案の概略である。そこで、無操業の譲受鉱業権者、本判決ではさらに最終の消滅鉱業権者でもあるが、このような鉱業権者の鉱害賠償責任がどうなるかであるが、本判決によれば、その損害が鉱害であるかぎり、たとえ無操業の鉱業権者であっても鉱業法一〇九条各項の規定により、その賠償責任は免れない、とするものである。

二　そこで、このような帰結の前提となる、まず鉱害の認定についてである。この点について鉱業法一〇九条第一項は、「鉱物の掘採のための土地の掘さく、坑水若しくは廃水の放流、捨石若しくは鉱さいのたい積又は鉱煙の排出によつて他人に損害を与えたとき」に、その損害が鉱害となり、鉱業権者（租鉱権者の場合もあり、以下も同様である）が鉱害賠償責任を負うものと規定している。したがって、これらの各原因行為は、各種の鉱業行為のうち特に鉱害賠償責任を負うべき違法行為の諸類型ともみられるところである。そして、この鉱害の有無について、本判決は、「即ちそれは個々の被害者の個々の疾病について、砒素等曝露のみが原因であるとまでは断定できないが、翻えって砒素等曝露の影響が全く否定されるものと認めるに足る証拠はなく（この点で個別鑑定をなしても、現時の医学知見上、そのいずれにも断定し得る結果を得ることはないものと考える）、かえって、前示資料を総合すれば右のような蓋然性を高度に認めざるを得ず、その限りにおいて法的因果関係を肯定し得るものというべきである」と判示するところである。その内容からも理解されるように、この鉱害認定は、因果関係の立証をめぐる、いわゆる蓋然性説に立っているともみられるところである。そして、このような手法は、すでにイタイイタイ病鉱害訴訟や、さらには各種公害訴訟などでもみられたところであるが[1]、因果関係についての原告の蓋然的な証明により一応の推定と事実上の挙証責任の転換が働き、原告の立証と被告の立証との相関的判断によって因果関係が認定されるともみられるところにその特徴がある[2]。そして、近時の諸外国の鉱害賠償制度では、右のように推定規定を明文で立法化するものも少なくなく、企業損害賠償の一つの在り方を示すところでもある[3]。

本判決は、鉱害認定の右のような手法に立って、さらに本鉱害が生存者にあってはなお進行中の、いわゆる継続的損害として認定する点でも特徴がみられる。すなわち、本判決によれば、「鉱害を原因として発症した慢性砒素中毒症患者の健康被害は、臓器毎の各症状毎に別個の健康被害を被ったものと解すべきではなく、それら健康被害の総体を一個の被害、つまり慢性砒素中毒症をもって総括される過去、現在、将来発症する症状全体をもって、一個の健康被害と認めるのが相当である」、とする。したがってまた、「健康被害を総体一括のものと捉える限り除斥期間の始期を本件被害者等がそれぞれ慢性砒素中毒症に罹患した時としなければ首尾一貫しないとの被告の主張は理由がなく、むしろ鉱業法一一五条二項そのものが、かかる場合に備えて『損害の進行中』なる法概念を採用したものと解するのが相当である」(4)として、本判決事実の下では、時効の成立を否定するものである。(5)

三　本判決は、右の鉱害認定を前提として、無操業の譲受鉱業権者であっても鉱業法一〇九条各項により、その鉱害賠償責任は免れないものとするものである。この点が、本訴訟の主要争点であることはすでに述べられるところであるが、本判決は、まず、無操業の譲受鉱業権者にかかわる鉱業法一〇九条各項の鉱害賠償責任について、鉱業権の譲渡の時期と鉱害発生時期との組み合わせにより、すでに見られるように次のような適用根拠を示している。すなわち、「第一に、現行鉱業法施行前の操業により、同法施行前に生じた損害については、同法一〇九条三項の鉱業権譲受人としての責任、第二に、現行鉱業法施行後に生じた損害については、その原因となった操業が同法施行前になされたものか、施行後になされたものかを問わず、被告の鉱業権者の鉱業権取得前に生じた損害については、現行鉱業法一〇九条三項の鉱業権譲受人としての責任、右鉱業権取得後鉱業権放棄までに生じた損害については、同法一〇九条一項前段の損害発生当時の鉱業権者としての責任、右鉱業権放棄後に生じた損害については、同法一〇九条一項後段の鉱業鉱消滅時における鉱業権者としての責任」を負う。そして、第三に、旧鉱業法改正法施行前に生じた損害についても、「その後同鉱業権を現行鉱業法施行後に譲り受けた鉱業権者は、鉱業法施行法三五条四項により現行鉱業法一〇九条三項の責任を負う」、とするものである。そして、この適用根拠に基づいて、本事案では、「もともと本件被害者らの慢性砒素中毒症発生の時期並びに終期が何時であるかということは、適用法条の相異をもたらすだけで、被告の責任の有無には何等の影響も及ぼさず、本件においてこれを特定する必要を認めない。被告の右主張は、被告が前記三つの時期に生じた損害についてそのいずれかの時期のものについては無責とされうるときにおいてのみ意味をもってくるわけであるが、前記のとおり被告はいずれの時期のものについても有責とされる以上、右被告の主張は採用の要をみない」、として、無操業の譲受鉱業権者の鉱害賠償責任を肯定するものである。

四　ところで、すでに「問題の所存」でも一言するように、従来、鉱業法一〇九条の鉱害賠償責任については、それを鉱業権者の無過失責任と解する通説と、それを過失責任と解する有力説とが大きく対立するところである。(6) このうち、前者の無過失責任説は、その内容が必ずしも一様とはいい難いが、多くは鉱業権者のいわゆる危険責任・利益責任と解しているといってよい。したがって、この立場からは鉱業法一〇九条各項の鉱害賠償責任が、なんら鉱業権者の故意・過失を要件としていないことは当然のこととなり、つまり鉱業権者の無過失責任とされるわけである。(7) これに対して、後者の過失責任説は、鉱害賠償責任を、本来、民法七〇九条と同様に鉱業権者の故意・過失責任と解するものである。(8) したがって、この立場からは、鉱業法一〇九条各項の鉱害賠償責任が、なんら鉱業権者の故意・過失を要件にしていないのは、「賠償義務者の故意過失を立証せしめる煩を避けるため、かかる無過失責任の形式を採ったに過ぎないものと解する」わけである。(9) それでは、これらの学説にあっては、本判決では肯定された、つまり無操業の譲受鉱業権者の鉱害賠償責任がどうなるかである。しかし、この点については、従来の学説、そして、特に本鉱害訴訟の提起に至るまでの学説は、無過失責任説といい、過失責任説といい、直接、この場合を取り上げて論じたものがないだけに必ずしも明らかとはいい難いところである。それでは、従来の学説からは、本判決のような結論づけは、困難なことかといえば、これまた必ずしもそうともいい難いところである。すなわち、鉱業法一〇九条各項が、その立場はともあれ、故意・過失を要件としない、つまり、その意味での鉱業権者の無過失責任になることは右にみられるとおりである。しかし、鉱業法一〇九条各項は、たんにこのような意味での鉱業権者の無過失責任にのみとどまるかというとそうではなく、さらに、次のような、いわゆる集中化・画一化責任を認めるところでもある。すなわち、鉱業法一〇九条一項の「損害の発生時における当該鉱区の鉱業権者」の賠償責任、同じく一項の「損害の発生の時既に鉱業権が消滅しているときは、鉱業権の消滅のときにおける当該鉱区の鉱業権者」の賠償責任、同条三項の「損害の発生の後に鉱業権の譲渡があったときは、損害の発生の時の鉱業権者及びその後の鉱業権者」の連帯賠償責任などがそれである。したがって、これらの集中化・画一化責任の下では、鉱業権者は、自己の鉱業権の操業による鉱害に対して無過失責任を負う場合のあることはもちろんのこと、さらに他人の鉱業権の操業による鉱害に対しても無過失責任を負わねばならないわけである。そして、このような鉱業権者の集中化・画一化責任については、右の無過失責任説はもちろんのこと、さらに過失責任説もいずれもこれを肯定するところとなっているのである(10)。そこで、鉱害賠償責任はこのような集中化・画一化責任を肯定する場合、本判決のような結論は、その一場合ないし延長線の事柄ともみられるところであり、そのかぎり従来の学説からもその承認がそれ程困難とも思われないところである。そして、理論的には操業行為の存在を前提とせざるを得ない過失責任説からはともかく[11]、その点で説明の広がりを持つ無過失責任説からは、かなり容易ともいいうるところである。

このように、本判決の結論は、従来の学説からも必ずしも肯定し難いものでないことが理解されるわけであるが、同時に、ここで注目されることは、石炭鉱害賠償の行政の実務では、本判決のような結論は、すでに本判決の以前から見られたことである。石炭鉱害賠償等臨時措置法（昭和四三年法律五一号）に基づく地方鉱業協議会の裁定例[12]には、本判決の結論と同趣旨のものが少なくないところであり、さらに石炭鉱業合理化臨時措置法（昭和三十年法律一五六号）では、ある意味ではこの点を制度として解決しているともみられるところである。すなわち、同法は、石炭鉱業の合理化・安定化を図るため、石炭鉱業合理化事業団（現在の新エネルギー総合開発機構）を創設し、石炭鉱業の整備業務その他を行っているものである。そして、同法の二五条は、その業務として、採掘権の買収および保有、鉱業施設の買収および保有または売渡などと並んで、買収した採掘権の鉱区に関する鉱害賠償を明規するところとなっている。この場合の鉱害賠償は、整備の方式により差異があるが、採掘権の買収方式の場合には、同事業団がそのまま鉱業法一〇九条各項の鉱業権者として処理するところとなっている。もちろん、石炭鉱業の合理化・安定化を目的とするものではあるが、ここでは、まさに同事業団が無操業の譲受鉱業権者として、鉱業法一〇九条各項の鉱害賠償責任を負っているわけである[13]。

五　そこで、このように、従来の学説、さらには石炭鉱害賠償の行政実務をみてくると、本判決の結論はそのまま支持されてよいように思われる。また、本訴訟後の判例研究も、ほぼ本判決を支持するものといえよう[14]。それでは、本判決には全く問題はないのかというと必ずしもそうではない。特に問題と思われる点は、本判決のような結論を導くに至った理由についてである。この点について、本判決が、「鉱業権者の鉱害に関する責任は、過去鉱業の実施には幾多の鉱害が随伴し、この場合鉱業権者の責任が慣習化していたことを考慮し、鉱害被害者の救済を目的として法制化されたものであり、そのため、鉱害の賠償は個々の操業を原因としてその操業者に責任を負担せしむべきものではなく、鉱業権の実施（操業）が何時、何人の手によってなされてかを問わず、その鉱業権の実施より生ずる損害である以上、損害顕現の時の鉱業権者においてこれを負担すべきもの、換言すれば、鉱害賠償責任は、ひっきょう、原因たる操業の責任（原因主義）ではなく、鉱業権を有することによる責任（所有者主義）として法制化されたものと観念するのが相当である。このように解しても、既に鉱害が顕在し、あるいは未だ潜在している鉱業権を譲り受けるものとしては、そのような顕在あるいは潜在する鉱害に基づく賠償責任負担の危険を考慮のうえ取得するか否かを決定することができ、また、その価格に右危険を反映させることもできるのであるから、鉱業被害者の救済とのバランス上鉱業権譲受人にとって特に酷であるとも認められない」、と判示していることは前掲のとおりである。つまり、本判決によれば、「鉱害賠償責任は、ひっきょう、原因たる操業の責任（原因主義）ではなく、鉱業権を有することによる責任（所有者主義）」、というわけである。たしかに、このような、いわば鉱業権所有者主義は、たとえば鉱業法一〇九条一項の「損害の発生の時における当該鉱区の鉱業権者」の賠償責任、同条一項の「損害の発生の時既に鉱業権が消滅しているときは、鉱業権の消滅の時における当該鉱区の鉱業権者」の賠償責任、同条三項の「損害の発生の後に鉱業権の譲渡があったときは、損害の発生の時の鉱業権者及びその後の鉱業権者」の連帯賠償責任などにみられる、いわゆる集中化・画一化としての鉱害賠償責任の説明としては、きわめて当を得ているように思われる。また、だから無操業の譲受鉱業権者が鉱害賠償責任を負うことにもなるわけである。しかし、他方、それではこれが鉱害賠償責任のすべてかとなるとかなり疑問の残るところである。すなわち、現行の鉱害賠償制度は、一方では、このような鉱害賠償責任の集中化・画一化、したがって、他人の鉱業権の操業による鉱害であっても、なお賠償責任の生ずる場合のあることを認めるものの、いま一方では、このような集中化・画一化責任を負う鉱業権者には、その原因を与えた鉱業権者への求償権を認めているのである。すなわち、鉱業法一一〇条二項は、「前条第三項の場合において、鉱業権を譲り受けた者又は損害の発生の後に租鉱権者となった者が賠償の義務を履行したときは、同条第一項又は第二項の規定により損害を賠償すべき者に対し、償還を請求することができる。同条第四項の場合において鉱業権者が賠償の義務を履行したときも、同様とする」、と規定している。また、明文の規定はないが、鉱業法一〇九条一項の鉱害発生時の鉱業権者として賠償したものが、原因操業鉱業権者へ求償できることは一般に当然のことと解されている[15]。したがって、そのかぎりでは、鉱害賠償責任は一種の原因者主義でもあるわけである[16]。そして、鉱害賠償責任にみられる右のような鉱業権所有者主義、および原因者主義は、前者がもっぱら被害者との関係で、また、後者がもっぱら関係鉱業権者間で意味を有し、全体として、いわば公平な賠償責任を指向していることについては多くの説明を要しないところであろう。そして、このような被害者に対しては鉱業権所有者主義、関係鉱業者間では原因者主義といった、いわば対外的・対内的の二面的な賠償責任はなにも鉱害賠償責任にのみ特有というものではなく、同様に、一般に危険責任に基づく無過失責任と解されている、たとえば民法七一七条の土地の工作物責任についても指摘されるところである。土地の工作物責任において、瑕疵ある土地の工作物の譲受所有者が被害者に対して無過失責任を負うのは当然であるが[17]、他方で、その賠償した所有者が損害原因者に対して求償権の行使できることは、明文で規定するところである（民法七一七条三項）。たしかに、本判決が指摘するように、鉱業権の譲受に当たっては、「顕在あるいは潜在する鉱害に基づく賠償責任負担の危険を考慮のうえ取得するか否かを決定することができ、また、その価格に右危険を反映させる」場合は少なくないであろう。このような場合は、過去の石炭鉱業権売買などではしばしばみられたところでもある。そのかぎりでは、関係鉱業権者間の原因者主義も不必要ということになるわけである。しかし、右の鉱害賠償責任負担の危険を事前の鉱業権譲渡契約（ないし租鉱権設定契約）ですべて計算できるとするには、鉱害の因果関係はあまりにも不明確であり過ぎるといえよう。本判決事案もまさにそのような一場合にほかならない。したがってまた、鉱害賠償責任においては、被害者への公平を実現する鉱業権所有者主義に加えて、やはり、関係鉱業権者間の、そして、特に事後の公平を実現するものとしての、つまり原因者主義を不可欠とするのである。この点で、本訴訟の第一審判決が、このような鉱害賠償責任の二面性をきわめて明確に判示していることは、十分注目されてよい[18]。

以上のように、本判決の理由には多少の疑問を提起せざるを得ないように思われる。しかし、だからといって本判決の結論の正当性にはなんら変わりはないといえよう。本判決事案は、説明するまでもなく被害者対鉱業権者といった鉱害賠償責任の、いわば対外的の面であり、そのかぎり、その場合の鉱害賠償責任がもっぱら鉱業権所有者主義によって処理されるのはきわめて当然だからである。のみならず、本判決は、上掲判示にみられるように、正面では鉱害賠償責任の鉱業権所有者主義をきわめて明確に強調するところである。しかし、他方では、全く別の箇所で、鉱業権譲受人の賠償責任について、「さらにはこれを価格に反映させることも可能なのであり、また、求償権の行使も可能なのであるから、鉱業権譲受人にとって特に酷な結果をもたらすものともいえない」、と判示[19]して、つまり原因者主義を肯定しているとも見受けられる部分もあるのである。これらの点の整合性はいささか理解に苦しむところであるが、もしそうであるとするならば、本判決で強調された鉱業権所有者主義としての鉱害賠償責任は、もっぱら対被害者との関係、つまり、鉱害賠償責任のいわば対外的な面を指摘したものであり、かつ、それにとどまるとも理解されるところである。[20]そして、このように理解されるかぎりにおいては、本判決の結論の正当性はなおさらともなるわけである。

（1）　本章の「問題の所存」の注（2）に掲示された判例のほかに、たとえば、新潟水俣病訴訟にかかわる新潟地判昭和四六年九月二九日判例時報六四二号九六頁など。
（2）　徳本鎮「公害の民事的救済と因果関係」高田教授還暦祝賀論文集（法制研究三六巻二–六合併号）一八九頁以下、同・企業の不法行為責任の研究一三八頁参照。
（3）　たとえば、イギリスの一九五七年のCoal Mining Subsidence Act, §13やドイツの一九八〇年のBundesberggesetz, §120などである。

（4）前掲判例時報七七頁。

（5）鉱害の継続的損害と時効について、徳本鎮「鉱業法」註釈公害法大系第四巻（紛争処理・被害者救済法）四四七頁以下、一般の継続的損害と時効について、内池慶四郎「継続的不法行為による損害賠償請求権の時効起算点」法学研究四四巻三号一一一頁以下各参照。

（6）これらの学説の対立については、徳本鎮「鉱害賠償責任の一考察」九州大学法学部三〇周年記念論文集（法と政治の研究）四七九頁以下参照。

（7）たとえば我妻栄・豊島陞・鉱業法（法律学全集）二七七頁、宗宮信次・不法行為論四八九頁、四宮和夫・事務管理・不当利得・不法行為（現代法律学全集）中巻二六五頁、加藤一郎・不法行為（増補版）（法律学全集）一四頁、幾代通・不法行為（現代法律学全集）一五二頁、川井健・不法行為法五三頁、森島昭夫・不法行為法講義二七〇頁、前田達明・民法Ⅵ（不法行為法）二二四頁、野村好弘・伊藤高義・浅野直人・不法行為法三三頁など。

（8）美濃部達吉・日本鉱業法原理二五三頁、平田慶吉・増訂鉱業法要義三五八頁。今日、特にこの立場を強調されるものとして、富井利安・公害賠償責任の研究七四頁以下がある。

（9）平田・前掲書三五八頁。

（10）たとえば、我妻・豊島・前掲書二八四頁、美濃部・前掲書二五四頁、平田・前掲書三五九頁、宗宮・前掲書四九〇頁、幾代・前掲書一五二頁、前田・前掲書二二四頁など。

（11）理論的に、行為の存在を前提とせざるを得ない過失責任説からは、無操業の譲受鉱業権者の賠償責任は、どのように説明されるのであろうか。もっとも、この疑問は、過失責任説が肯定する鉱業法一〇九条各項の集中化・画一化責任のそれ自体の説明（美濃部・前掲二五四頁、平田・前掲書三五八頁）にも残されているところである。いわゆる、無過失責任が、伝統的な過失責任のたんに故意・過失といった主観的要件の修正型としてのみ理解されるべきでないことの具体的検証がまさに本章の検討でもある。

（12）たとえば、九州地方鉱業協議会裁定四号昭和五二年三月八日、同裁定二九号昭和五二年五月三〇日、同裁定三二六号昭和六二年一一月三〇日など。

(13) この運用については、通商産業省資源エネルギー庁石炭部鉱害課編・石炭鉱害の現状一一五頁参照。

(14) 本判決に関するものとして、淡路剛久「土呂久公害訴訟の経過と論点」ジュリスト九二四号四頁、能見善久「土呂久訴訟二審判決における責任論」ジュリスト九二四号一〇頁、新美育文「土呂久訴訟高裁判決における損害論」ジュリスト九二四号一六頁などがある。また、第一審判決に関するものとして、淡路剛久「土呂久公害訴訟判決の意義」ジュリスト八一六号一八頁、同「土呂久公害訴訟判決」判例タイムズ五二九号一八七頁、原田尚彦「鉱害の賠償責任」法学教室五〇号六五頁などがある。

(15) 我妻・豊島・前掲書二八四頁、宗宮・前掲書四九一頁など。

(16) 本判決の鉱業権所有者主義は、美濃部・前掲書二五四頁にみられるが、そこでも若干の原因者主義は肯定されている。鉱業権所有者主義を採りながら、さらに原因者主義をも認められるものとして、淡路・前掲論文ジュリスト九二四号四頁がある。

(17) たとえば、我妻栄・事務管理・不当利得・不法行為（新法学全集）一八六頁、宗宮・前掲書一八四頁、四宮・前掲書下巻七四七頁、加藤・前掲書二〇〇頁、幾代・前掲書一六二頁、川井・前掲書一七六頁、森島・前掲二六九頁、前田・前掲書一六五頁など。ただし沢井裕・公害の私法的研究二〇二頁は、一種の過失責任と解する。

(18) 宮崎地延岡支部判昭和五九年三月二八日判例時報一一一一号八〇頁。

(19) 福岡高宮崎支部判昭和六三年九月三〇日判例時報一二九二号七六頁。

(20) 本判決の鉱業権所有者主義を説明されるものとして、能見・前掲論文一四頁以下がある。

第四節　むすび

一　以上、本章は、近時の控訴審判決を手掛として、また、その判決や学説を検討することによって、無操業の譲受鉱業権者の鉱害賠償責任を考察したわけである。そこで明らかにされたことは、無操業の譲受鉱業権者の鉱害賠償責任を導くものは、本判決の言葉にならえば、鉱業権所有者主義と原因者主義との両主義の上に成り立つ、いわゆる無過失責任としての鉱害賠償責任ということである(1)。

二　ところで、わたくしは、かって鉱害賠償責任について、ほぼ次のようなことを指摘したことがある。鉱害は、鉱業権の行使に基づく鉱業に定型的に内在する、鉱物の掘採のための土地の掘さく、坑水若しくは廃水の放流、捨石若しくは鉱さいの堆積、または鉱煙の排出行為による、よく注意しても発生しがちな、そして、因果関係の不明になりやすい不確定損害から確定損害へと長年月にわたる継続的な、しかも大規模になりやすい企業損害である。このような特徴を持った鉱害の賠償責任は、伝統的な過失責任のたんに故意・過失といった主観的要件にとどまらず、さらに違法性（違法行為の定型化）、因果関係（推定・挙証責任の転換）、責任の帰属（集中化・画一化、求償権）、責任の分散・担保（担保の供託）、時効（進行中の損害）、賠償方法（金銭賠償、原状回復）、賠償契約（増減請求の許容）などの点においても修正されるところに、いわゆる無過失責任としての鉱害賠償責任の公平さと規範的特徴がみいだされる、ということであった。そして、このような指摘が、鉱害賠償責任を含めて広く、いわゆる無過失責任について、従来、ともすれば、それが伝統的な過失責任のたんに故意・過失といった主観的要件のみの修正型として理解されがちであったわが国の学説への反省に基づくものであったことは述べるまでもないであろう。その意味では、無操業の譲受鉱業権者の鉱害賠償責任を中心としつつも右の修正型の大部分を争点とした土呂久鉱害訴訟は、そして、その一連の判決は、イタイイタイ病鉱害訴訟に続く、鉱害賠償責任についてはもちろんのこと、さらにそれを含むわが国の無過失責任理論へ一石を投じたもの、といってよいであろう。

三　おわりに　土呂久鉱害のような、いわば金属公害を考察するとき、わが国の金属鉱害の責任の分散・担保の方法は、石炭鉱害のそれに比較してかなり未整備のように思われることである。石炭鉱害にあっては、その損害量が甚大であるうえに被害物件が農地・家屋・道路・鉄道・港湾などに多いことなどから、国土の保全とあいまって、鉱業法一一七条以下の担保の供託制度以外に、たとえば臨時石炭鉱害復旧法（昭和二七年法律二九五号）、石炭鉱害賠償等臨時措置法（昭和三八年法律九七号）、さらには賠償義務者無資力認定制度や無資力鉱害調整交付金制度等の行政措置などを通じて、かなり早い時期から実質的に責任の分散・担保を図ってきたところである。これに対して、金属鉱害では、鉱害防止積立金のための金属鉱業等鉱害対策特別措置法（昭和四八年法律二六号）がみられる程度である。休廃止鉱山の続出する状況のなかで、特に金属鉱害に対する責任の分散・担保制度の整備が望まれるところである。そして、このような整備を通じて、鉱害賠償責任の鉱業権所有権主義、および原因者主義がよりいっそう公平化されることは、あらためて指摘するまでもないところであろう。[3]

（1）本判決については、本章の視点以外にも、さらに旧鉱業法改正前の鉱害について、その後の譲受鉱業権者が責任を負うかをめぐって、旧鉱業法改正法附則第四項、また、それとの関連における鉱業法施行法三五条の解釈も重要な論点である（能見・前掲論文一三頁参照）。ただ、本判決についていえば、本判決は、本判決の鉱害がなお「進行中の損害」（前掲判例時報一二九二号七七頁）として認定しており、したがって、そのかぎりでは、本鉱害は鉱業法一〇九条第一項の責任となり、本判決の結論には変わりはないといえよう。なお附則第四項については、吉田文和・利根川治夫「鉱害賠償規定の成立過程」北大経済学研究二八巻三号七三頁以下がある。

（2）徳本鎮「鉱業法」註釈公害法大系四巻（紛争処理・被害者救済法）三九九頁以下、同「鉱害賠償」（現代損害賠償法講座五巻）二八五頁以下、および同・企業の不法行為責任の研究五頁以下に所収される関係各論文を参照されたい。

（3）淡路・前掲論文ジュリスト九二四号八頁、原田・前掲論文六八頁各参照。

事項索引

（以下、巻末より横組み後開き）

ま　行

ら　行

欧　文

さ 行

た 行

な 行

は 行

事項索引

あ　行

か　行

〈著者紹介〉

徳本　鎮（とくもと・まもる）

昭和3年山口県周南市八代に生れる
昭和26年九州大学法学部卒業　九州大学名誉教授

〔著作〕
農地の鉱害賠償（日本評論社・昭和31年）
企業の不法行為責任の研究（一粒社・昭和49年）
民法概説11債権〔共著〕（有斐閣・昭和41年）
民法要説3債権法〔編著〕（一粒社・昭和52年）
口述債権総論〔共著〕（有斐閣・昭和52年）
不法行為法の基礎〔編著〕（青林書院新社・昭和52年）
要説法律学〔編著〕（九州大学出版会・昭和53年）
契約の法律入門〔共著〕（有斐閣・昭和53年）
企業責任の法律入門〔編著〕（有斐閣・昭和53年）
金融事故の民事責任〔編著〕（一粒社・昭和56年）
判例演習民法総則〔編著〕（九州大学出版会・昭和57年）
民法講座〔編〕（有斐閣・平成2年）
新民法概説（3）〔共著〕（有斐閣・平成7年）
新版注釈民法（6）物権〔編著〕（有斐閣・平成9年）

学術選書
103
環境法

鉱害賠償責任の実体的研究

2013(平成25)年11月25日　第1版第1刷発行
6703-7：P288￥8800E-012-040-015

著　者　徳　本　　鎮
発行者　今井　貴　稲葉文子
発行所　株式会社　信　山　社
〒113-0033　東京都文京区本郷6-2-9-102
Tel 03-3818-1019　Fax 03-3818-0344
info@shinzansha.co.jp
笠間才木支店　〒309-1600　茨城県笠間市笠間515－3
笠間来栖支店　〒309-1625　茨城県笠間市来栖2345－1
Tel 0296-71-0215　Fax 0296-72-5410
出版契約2013-6703-01011　Printed in Japan

 印刷・製本／亜細亜印刷・渋谷文泉閣
ISBN978-4-7972-6703-7 C3332 分類323.918 b025環境法
6703-0101：012-040-015